BASIC HAIR STYLING

기초헤어 스타일링연출

헤어샴푸, 드라이 & 헤어세팅, 아이롱

Hair shampoo | Dry | Hair setting | Iron

구민사

저자 약력

김송희

- 김송희헤어 대표
- 국가기술자격 미용사, 이용사
- 국가공인 미용기능장
- 사) 한국미용장협회 총무

기초헤어 스타일링연출 (헤어샴푸, 드라이 & 헤어세팅, 아이롱)

초 판 인 쇄 | 2021년 3월 2일
초 판 발 행 | 2021년 3월 10일

저 자 | 김송희
발 행 인 | 조규백
발 행 처 | 도서출판 구민사
(07293) 서울시 영등포구 문래북로 116, 604호(문래동 3가 46, 트리플렉스)
전 화 | (02) 701-7421~2
팩 스 | (02) 3273-9642
홈 페 이 지 | www.kuhminsa.co.kr
신 고 번 호 | 제2012-000055호(1980년 2월 4일)

I S B N | 979-11-5813-912-4(93590)
정 가 | 24,000 원

머 리 말

Hair style을 멋지게 연출하기 위해서는 적당한 모발의 양과 아름다운 머릿결을 유지하는 것이 필수조건이라 여겨진다. 건강한 모발로 성장하기 위해서는 건강한 두피상태의 환경이 조성되어야 하며 최근 현대인들은 남녀구분 없이 미적 욕구의 충족을 위하여 다양한 방법으로 관리를 하고 있다. 그중에서도 헤어스타일링을 통하여 자존감 및 정서적 만족을 높히고 있으며 이를 위해 두피와 모발건강을 중시하는 등 많은 관심을 기울이고 있다.

과거에도 현재도 그랬듯이 사람들은 내적, 외적인 욕구를 충족시키기 위한 자신의 이미지를 가꾸려는 사회활동이 많은 현대인들은 용모를 변화시키고자 한다.

그래서 많은 사람들은 물리적인 방법과 화학적인 시술로 모발에 컬러를 입히고, 퍼머넌트를 하여 나름대로의 아름다운 헤어스타일로 표현하지만 지나친 시술로 인하여 두피와 모발이 자극을 받아 모발이 가늘어 지고 두피모발 또한 나빠지게 되면서 건강한 두피와 모발에 관심을 갖기도 한다.

과거에는 시술자의 기술이 부족할 경우 미용실 원장과 선배님들에게 기술을 배우기도 하였지만 현재는 현장산업체에서 필요로 하는 국가직무 능력을 국가 차원에서 표준화가 포괄되면서 기능사자격증을 소지하여야하며 학교에서는 산업현장에 맞는 맞춤형교육을 통하여 현장실무과정을 이수하여야 실전 현장에 많은 도움이 된다고 볼 수 있다. 더불어 샴푸의 기술과 블로 드라이는 현장실무과정에 가장 먼저 수행하는 직무능력과도 밀접한 관계가 있다. 본 교재는 산업현장실무에 가장 중요한 지침서라 할 수 있는 실무과정을 바탕으로 하여 현장에서 반드시 필요로 한 기초 헤어스타일링 연출에 적용하고자 이론 및 실기를 나누어 집필하려고 노력하였다.

이 책의 출판을 위해 적극적인 도움을 주신 후배들과 도서출판 구민사 조규백 대표님과 직원 여러분께 깊은 감사를 드린다.

저자 씀

CONTENTS

Chapter

04

블로 드라이

Chapter

05

아이롱

Chapter

06

헤어세팅

HAIR
SHAMPOO
DRY & HAIR
SETTING
IRON

두피

Chapter

01

1) 두피의 정의

두피는 인체에서 두상의 표면을 감싸고 있는 피부로, 표피, 진피, 피하지방층으로 구성되어 신경과 혈관으로 혈액순환을 원활하게 하며 두피의 유 · 수분의 보호막이 있어 각종 미세먼지, 환경오염, 뜨거운 햇살과 추위로부터 머리를 보호하는 기능을 한다.
두피에는 감각기능이 있어 냉감, 온감, 압감, 통감 등을 느낄 수 있으므로 모발 성장에 도움을 줄 수 있도록 각질을 관리하여 깨끗하고 좋은 환경을 만들어 주어 두피가 원활한 활동을 하여 모발이 건강하게 성장할 수 있게 한다. 사람마다 다르지만 모발은 하루에 평균 50~100개 전후로 빠지고 새로 자라나는 과정을 반복한다.

2) 두피의 역할

두피 건강은 머리카락의 굵기와 탄력성에도 직접적인 영향을 미치며 건강하지 못한 두피는 모발이 가늘고 탄력성이 떨어져 숱이 적어지는 원인이 된다.

(1) 표피

두피는 신체 내부를 보호해주는 보호막이 되어있어 세균과 유해물질 자외선 등의 침입을 방어해준다. 표피 안에서 체내에 필요한 물질이 피부 밖으로 나가는 것을 억제하며 수분이 증발하는 것을 막아 피부가 건조해지지 않도록 해주는 역할을 한다. 각질층과 과립층, 투명층, 유극층으로 구성되어 있으며, 유극층은 표피의 가장 두꺼운 기저층으로 멜라닌 색소가 존재하며 표피의 재생기간으로 평균 4~6주(28~30일) 정도이다.

(2) 진피

피부의 영양공급과 노폐물 배설, 감각기능의 역할로써 진피에 손상이 되어 붉은 피가 보일 경우 재생이 불가능하며 흉터를 남기게 된다. 표피 두께의 약 10~40배 정도 차지하고 모세혈관과 신경세포로 구성되어 있어 영양과 산소를 공급하게 한다. 피부의 결합조직으로 90%를 차지하며, 콜라겐 감소로 주름이 생기는 노화 피부형태를 볼 수 있다.

(3) 피하지방

피부 맨 밑 부분에 위치하고 있으며 영양상태에 따라 피부조직의 두께가 달라지고 충격을 완화해주는 쿠션 역할로 보호를 하게 된다.

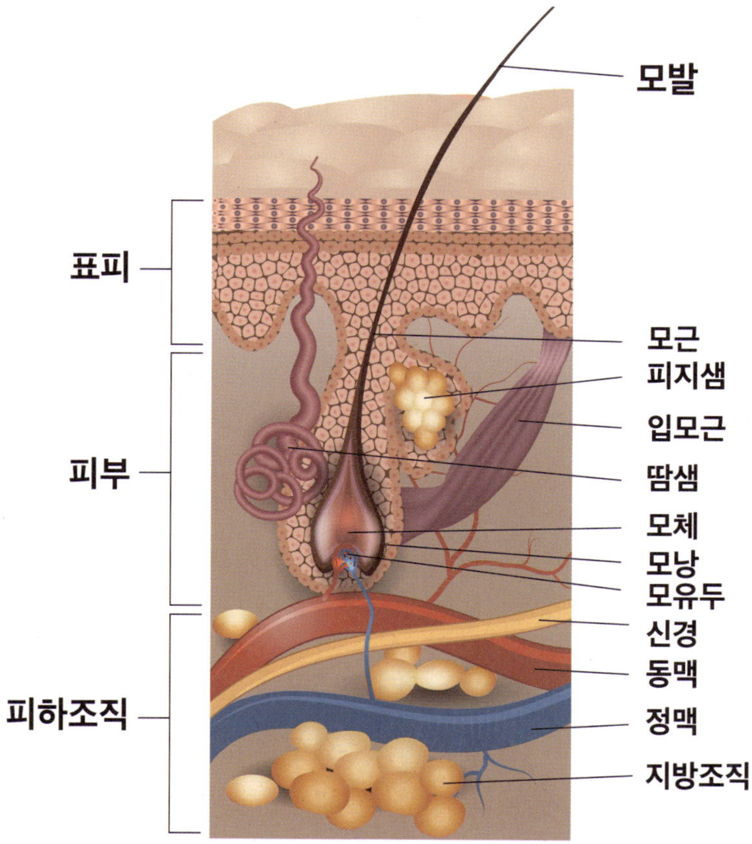

[그림 1-1] 피부구조

3) 두피의 종류와 특성

머리카락이 건강하여야 헤어스타일 완성도가 높아질 수가 있다. 신체균형의 밸런스가 깨지면 두피에 이상 현상인 질환이 생겨 머리카락이 가늘고 푸석하며 숱이 적을 수 있으며 정상두피로 돌아가는 데 오랜 시간이 걸린다. 그러므로 꾸준한 관심과 노력이 필요하다. 두피 종류에 따른 관리방법을 알아보도록 하자.

(1) 정상 두피

두피표면을 육안으로 봤을 때 노화된 각질이 보이지 않으며 맑고 깨끗한 연한 살구색을 띠며, 땀과 피지가 배출이 잘 되어 피지막이 건강하게 형성될 수 있다. 모발을 잡아당겼을 때 1.5배가 늘어나며 비어있는 모공이 거의 없고 한 모공에 머리카락이 2~3개 자라나 있다.

① 관리방법

- 두피를 청결하게 하기 위해서는 수분과 영양을 공급하여야 한다.
- 젖은 두피와 모발에 드라이어로 말릴 경우 모발에 수분에센스를 발라 건조함을 막아 찬바람과 따뜻한 바람으로 번갈아가며 말려준다.
- 하루 일과를 마치고 잠들기 전 샴푸 세정하여 모발에 불필요한 오염물이 남겨있지 않도록 깨끗하게 잘 헹구어 마무리한다.

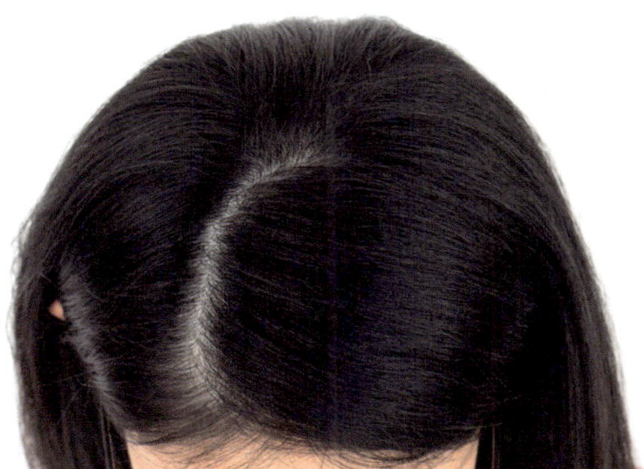

[그림 1-2] 정상 두피 상태

(2) 지성 두피

두피 표면에 투명감이 없으며 피지가 과다분비하여 표면이 번들거리고 모발에 이물질이 달라붙어 모공 활동이 원활하지 못하여 두피가 가렵고 트러블이 생기면서 불그스름하게 올라와 좋지 않은 냄새와 함께 뾰루지가 발생한다.

① 관리방법

- 샴푸 시술 전 브러시로 모발에 달라 붙어있는 오염물질들을 먼저 제거한다.
- 샴푸 세정 시 피지분비가 과다할 때 가볍게 애벌샴푸(1차)한 후 본 샴푸(2차)을 해준다.
  이때 두피에 계면활성제 및 린스의 잔여물이 남아 있지 않도록 여러 번의 세척을 해준다.
- 두피 모발 상태에 따라 하루 2번의 샴푸 세정으로 청결하게 유지한다.

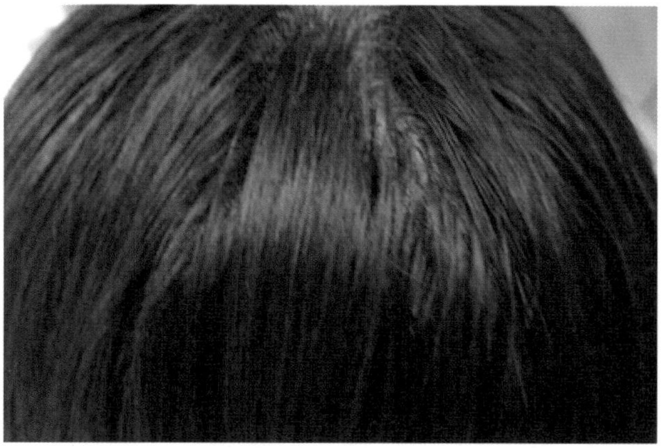

[그림 1-3] 지성 두피 상태

(3) 건성 두피

표면을 살펴보면 두피와 모발이 건조하고 수분과 유분이 부족하여 머릿결이 나빠지면서 하얀 각질이 들떠 어깨 위로 떨어지는 것을 볼 수 있으며 가려움까지 동반된다.

외적인 요인으로는 미세먼지 노출과 물리적, 화학적 시술 등이 있으며 내적인 요소로는 스트레스나 불규칙한 식사와 호르몬의 변화 등을 들 수 있다. 그 밖에 샴푸제의 선택과 잘못된 시술방법 등이 있다.

① 관리방법

- 건성두피에 맞는 샴푸를 선택하여 두피모발의 수분과 영양을 공급한다.
- 가능한 잦은 컬러와 펌 등 횟수를 줄이며 규칙적이고 건강한 식생활을 지킨다.
- 샴푸세정 후 자연 바람으로 두피와 모발을 건조시키며 뜨거운 자외선과 초미세먼지로부터 보호하며 모발 표피에 헤어 에센스 등을 발라 모발의 건조함을 촉촉하게 관리해준다.
- 두피와 모발을 보습 관리한다.

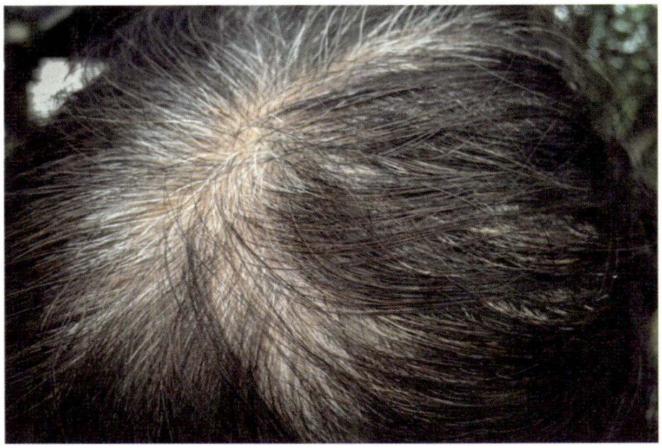

[그림 1-4] 건성 두피 상태

(4) 비듬 두피

피로와 과로, 스트레스, 수면부족과 전자파의 접근, 호르몬 불균형 등 외부로부터 자극받아 피지가 분비되어 두피와 머리카락이 서로 엉켜 모공을 막아 군데군데 하얀 부스럼 같은 노폐물을 볼 수 있다. 또한 세균성 곰팡이균으로 인하여 심한 가려움증을 동반하여 두피에 상처가 있는 경우가 있다. 임상학적으로 두부비강진(頭部粃糠疹), 의학적으로는 건성지루(乾性脂漏)라고 한다.

어깨 주위에 각질이 떨어지는 들뜬 상태의 건성두피와 그 두피를 만졌을 때 지성비듬이 손가락에 묻어난다. 지성비듬은 두피에 피지가 많이 달라붙어 있으며 불쾌한 냄새가 난다.

① 관리방법

- 올바른 샴푸방법으로 두피에 미지근한 물에 pH 5.5 약산성을 선택하여 청결하게 샴푸를 한다.
- 마지막 헹굼물에 식초 1~2방울을 희석하여 헹궈도 세정효과에 도움이 된다.
- 각질을 제거하기 위하여 힘을 가해서 샴푸하는 것은 오히려 좋지 않은 방법이며 두피에 자극 없이 가볍고 섬세하게 샴푸해준다.
- 정상적인 생활규칙과 두피모발에 도움이 되는 영양 있는 식사와 충분한 휴식이 필요하다.

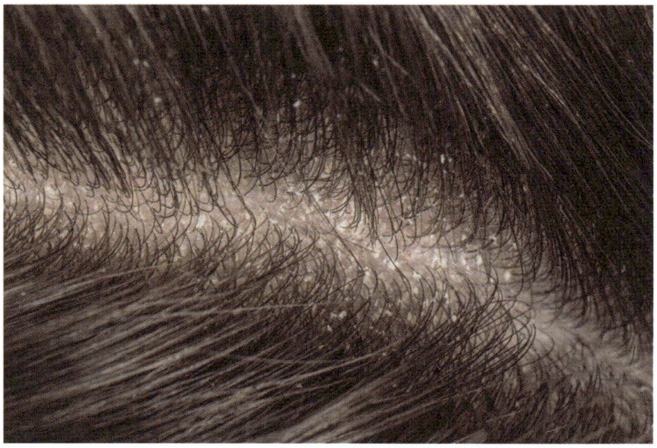

[그림 1-5] 비듬 두피 상태

(5) 민감성 두피

정상두피에는 두피가 맑고 깨끗한 반면, 민감성두피는 두피표면을 만졌을 때 뾰루지 등이 만져지며 발진과 홍반이 나타나 보인다.

물리적인 시술과 화학적 약제를 사용한 시술, 그밖의 인체의 내부적인 요인의 원인으로 볼 수 있으며 외부환경 반응으로부터 통증을 느껴 따가움을 호소하기도 한다. 그대로 방치할 경우 극심한 통증과 스트레스를 받아 머리카락이 많이 빠지는 증상과 탈모가 올 수 있다.

① 관리방법

- 자극 없는 샴푸제를 선택하여 두피를 가볍게 문질러 세정해준다.
- 염증과 질환을 상담치료와 함께 관리하여 영양 및 보습케어를 해준다.
- 샴푸하기 전 엉킨 머리카락 끝자락에서부터 모근 가까이까지 빗질하여 이물질제거와 혈액순환을 촉진시켜준다.

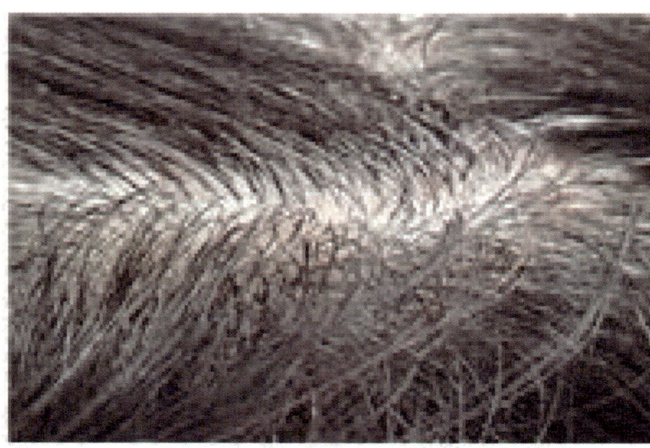

[그림 1-6] 민감성 두피 상태

(6) 탈모 두피

머리카락이 빠진 자리에 모공이 막혀있는 두피표면에 매끈한 광택을 띠며 머리카락이 가늘면서 한 모공에 머리카락 1개 정도 자란다.

여성은 출산 후 내분비 호르몬의 변화로 머리카락이 많이 빠지기도 하지만 시간이 지나면 자연스럽게 원래대로 되돌아간다. 하지만 빠지는 현상이 몇 개월 이상 지속된다면 전문의와 상담이 필요하다.

① 관리방법

- 지속적으로 머리카락이 많이 빠져 보인다면 전문의와 상담하여 치료관리가 필요하다.
- 탈모전문 샴푸제를 사용하여 두피자극을 주지 말아야 하며 혈액순환에 원활한 도움이 되도록 자극 없는 마사지를 해준다.
- 모발에 물리적인 방법이나 화학적인 염색, 펌 등 시술은 가능하면 하지 말아야 한다.

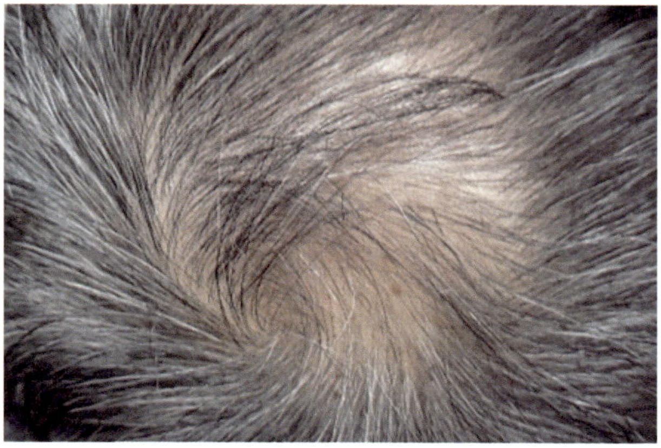

[그림 1-7] 남성탈모 두피 상태

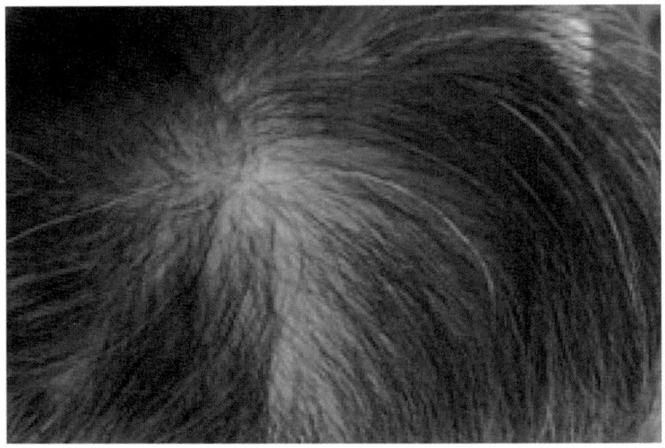

[그림 1-8] 여성탈모 두피 상태

HAIR
SHAMPOO
DRY & HAIR
SETTING
IRON

모발

Chapter

02

1) 모발의 특성

이마 윗부분에 주름이 생기지 않는 피부를 두피(頭皮)라 한다.

머리카락은 피부에서 형성된 조직으로 외부환경으로부터 보호기능을 가지며 신체의 중금속 배출 역할도 하며 장식적 요소로 개성을 표현하는 수단이기도 하다.

머리카락 성장 속도는 인종, 나이, 강도, 탄력 등 건강상태에 따라 달라지며 색소는 멜라닌 색소함량과 부위에 따라 각각 다르다. 모발의 모간과 피부 속 모근을 나무와 뿌리로 비교하자면 모간의 머리카락은 나무, 피부 속 모근을 뿌리로 생각해볼 수 있다. 토양의 영양과 산소를 공급받아 나무가 크게 잘 자라듯이 두발도 모낭을 기원으로 모유두로부터 영양을 공급받아 건강한 머리카락이 자라날 수 있는 역할을 한다. 근본적으로 건강한 머리카락은 아름다운 헤어스타일을 완성하는 데 큰 역할을 한다. 모발의 성장 속도는 하루 중에 밤에 더 빨리 자라며, 가을과 봄에, 그리고 16~24세 여성이 성장 속도가 빠르다. 그밖에 머리카락은 범죄수사와 진위감정 등에도 적용되고 있다.

[표 2-1] 모발의 성분

시스틴	14~18%	멜라닌색소	3%
미량원소	0.6~1%	케라틴단백질	80~90%
수분	10~15%	지질	1~8%

2) 모발의 구조

모발은 두피로부터 나와 있는 모간(Hair Shaft)과 두피 속의 모근(Hair Root)으로 나누어진다. 두피 안쪽 부분의 모근으로는 모유두, 모낭, 피지선, 입모근, 땀샘 등이 있으며 피부 바깥쪽 모간은 머리카락이 자라나는 부분으로 모표피, 모피질, 모수질의 3겹으로 구성되어 있다.
모발의 발생은 모근의 모낭과 모유두에서 만들어졌을 때부터 시작하여 신경이나 모세혈관 등 세포조직이 영양을 흡수하여 주기적으로 성장과 분열을 반복하여 죽은 세포는 밀어내고 새로운 세포들은 올라와 각화가 이루어져 모발이 성장하게 된다.

(1) 모간부(Hair Shaft)

① **모표피**(Cuticle)

두발의 줄기세포로 바깥층으로부터 생선비늘층 같이 5~15층으로 겹쳐져 쌓여 외부환경으로부터 작용을 받으며 케라틴 경단백질로 두발 전체 10~15%를 차지하며 친유성이다. 물리적인 저항이 약하고 화학적인 시술인 퍼머넌트와 헤어컬러 등의 침투가 어려워 오랜 시간이 소요되며 백콤 연출, 헤어드라이어, 샴푸 등 모발 간의 마찰에 의해 큐티클 구조를 손상시키는 박리현상이 나타난다. 큐티클이 많을수록 두발이 단단하여 광택, 습윤, 투명, 마찰에 대한 강도가 높다.
큐티클 구조의 2/3 이상 차지하는 엑소 큐티클(Exocuticle), 시스틴 함유량이 낮아 약한 부분인 엔도 큐티클(Endocuticle), 그리고 에피 큐티클(Epicuticle)이 있다.

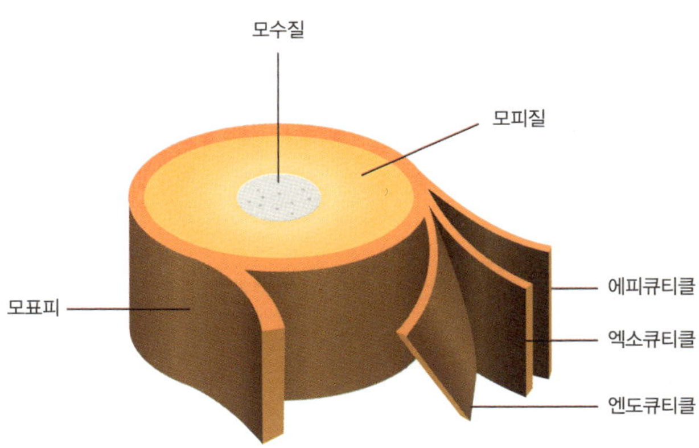

[그림 2-1] 모표피의 구조

② **모피질**(Cortex)

모발의 성질로 가장 많은 부분을 차지하는 모표피와 모수질 중간층에 존재하며 전체 모발의 80~90%로 차지하는 비율이 가장 높다. 멜라닌 색소과립에 따라 색깔이 달라지며 친수성으로 화학적 성질이 약하여 약제 성분이 이루어져 헤어컬러 및 퍼머넌트가 이루어진다.
펩타이드결합, 시스틴결합, 이온결합, 수소결합의 간충물질로 세포간 결합을 시켜주는 역할을 한다.

③ **모수질**(Medella)

모수질은 모발내부 가장 중심부 위치에 있으며 속이 비어 있는 벌집 모양으로 공포가 있는 구형 세포로 되어 머리카락을 강하게 하는 것으로 시스틴 함량은 모피질보다 적다.
굵은 모발에는 직경 0.09mm 이상 경모에는 모수질이 있으나 부드럽고 연한 모발에는 직경 0.07mm로 모수질이 없다.

(2) 모근부(Hair root)

두피 모발에 있어 모근은 가장 중요한 부분으로 두피 안쪽에 위치해 모유두 주위에 세포가 분열하여 영양을 흡수하여 모발이 서서히 각화되어 밑에서 위로 밀어올려 모발이 자라날 때까지 보호하는 역할을 한다.

① **모낭**(Hair follicle)

내모근초(Inner root sheath)와 외모근초(outer root sheath)가 있는 모낭은 손바닥, 발바닥, 손가락, 점막, 피부경계를 제외한 전 피부에 분포되어 있다.

② **모유두**(Hair papilla)

모유두는 모세혈관과 자율신경이 분포되어 피부 안에 영양과 산소를 공급하여 머리카락이 자라나는 데 도움이 된다.

③ **모구**(Hair bulb)

피부 내부구조로 모낭의 가장 밑 부분에 둥글게 팽창되어 모모세포와 멜라닌 세포로 성장에 관여한다.

④ 기모근(Arrector pili muscle)

근육이 자신의 의지와 상관없이 움직이는 교감신경에 의해 추위나 공포를 느꼈을 때 입모근이라고도 하는 털이 선다. 눈썹, 속눈썹, 뺨, 코, 입술에는 입모근이 없다.

⑤ 피지선(Sebaceous gland)

모구에 피지선은 모낭 벽 위치에 존재하며 이마와 코 주변과 두피에 피지가 가장 많다.
때로는 과다한 피지분비로 모공이 막혀 염증과 머리카락 빠지는 증세가 증가하기도 하지만 머리카락 표피에 윤기부여와 부드러움을 보호하기도 한다. 그래서 빗질을 할 경우 두피 가까운 곳에서부터 머리카락 끝자락까지 빗질하여 준다.

⑥ 한선(Sweat gland)

한선은 모공과 땀구멍을 통해서 땀, 그리고 노폐물 등을 체외로 배출하는 기관으로 에크린선(eccrine sweat gland)과 아포크린선(apocrine sweat gland)이 있는데 아포크린선은 한정된 부위에 여성이 남성보다 75%의 땀의 분비가 높다.

3) 모발 성장주기

두발은 평균적으로 2~6년 동안 성장하며 여성은 4~6년, 남성은 3~5년 정도이다. 15~25세 활동 많은 젊은 여성에게 모발이 많고 빨리 자라나지만 어느 정도 시간이 흘러 50~60세는 머리카락수가 적어지면서 자라나는 속도 또한 늦어진다.

70세 이후부터는 신체의 노화로 인하여 영양전달 부족과 기타 등등 요인으로 가늘어진 모발이 많아지면서 탈모가 빨라지게 된다. 두발의 성장주기로는 사람의 특성에 따라, 건강, 연령, 성별, 유전, 계절에 따라 머리카락 수 또는 굵고 가는 탄력의 정도 차이가 다르다.

전체 두발은 보통 10~15만 개로 평균적으로 한 달에 1~1.5cm 모발이 자란다. 일생 동안 두발이 자라나고 빠지기를 반복하면서 성장기, 퇴화기, 휴지기, 발생기로 구분된다.

(1) 성장기(Anagen stage)

두발 전체 비율로 80~90% 포함되어 있으며 성장기 수명으로 3~6년, 하루에 머리카락 성장속도는 0.2~0.5mm 자라며 모세혈관으로부터 영양을 공급받아 자라나며 두발이 굵은 편으로 보여진다.

(2) 퇴화기(Catagen stage)

성장기 다음 단계로 퇴화기는 모유두로부터 분리되어 잠시 동안 세포분열의 중단으로 성장을 멈추게 된다. 전체 두발의 1% 포함으로 수명은 1~1.5개월 정도이며, 에스트로겐 부족으로 휴지기로 바로 넘어가는 특성도 있다.

(3) 휴지기(Talogen stage)

모근에서 세포분열이 더 이상 일어나지 않는 일정 기간 동안 성장이 멈추는 단계로, 머리카락이 샴푸를 할 때나 브러싱을 하여도 힘없이 쉽게 빠지면서 탈모가 된다. 전체 두발의 10~15%, 산모는 약 30% 차지한다.

(4) 발생기(New anagen stage)

모발주기가 다시 시작하는 단계로 모구부와 모유두가 새로 결합하여 모발을 만들기 위하여 모구부에 신생모와 다시 만나 세포분열을 일으켜 새로운 머리카락이 성장하게 된다. 휴지기에 남아있던 모근의 모발이 새로운 머리카락에 밀려 휴지기 모발은 위로 올라오면서 탈락하는 것으로 사람의 모발은 평생 동안 성장과 탈모를 주기적으로 반복된다.

4) 모발 손상

지구온난화의 변화로 뜨거운 태양, 적외선과 자외선, 초미세먼지, 사회적 스트레스, 건강악화와 잘못된 시술방법으로 단백질이 손실되고 모표피가 손상을 가할 수 있다.
그밖에 머리카락에 남아있는 이물질을 깨끗하게 샴푸세정하지 않으면 모발 큐티클 사이에 오염물질과 두피 표면에 달라붙어 모근의 활동에 방해가 되어 머리카락 성장속도가 늦어질 뿐만 아니라 모발의 수도 적어지면서 노화가 빠르게 오기도 한다.
모발의 손상은 천천히 손상되어 오랜 시간이 지나고서야 손상됨을 알았을 때 회복기간도 그만큼 길어질 수밖에 없다.
외부적인 자극 즉, 한여름에 모자를 지속적으로 착용하게 되면 두발에 통풍이 잘 되지 않아 체온이 상승하면서 피지와 땀이 미생물로 세균활동이 왕성하게 되어 두피 트러블과 탈모가 진행될 수 있으므로 주의가 필요하다. 외적인 아름다움을 표현하기 위한 잦은 시술에 따른 헤어드라이어의 사용으로 모발 큐티클층이 손상되는 물리적인 손상과 화학약제를 사용하여 정확하지 않은 시술 방법으로 모발 손상이 현대에는 극심하게 빈번하다.

[그림 2-2] 손상모발

[그림 2-3] 건강모발

5) 모발 영양

머리카락의 주성분인 케라틴 경단백질은 충분한 영양의 공급으로 인하여 우리 신체의 혈액을 통해 머리카락이 건강하게 성장할 수 있는 환경을 만들게 되는 요인이 된다.

계절에 맞는 자연음식, 식물성 단백질, 해조류와 함께 섭취하면 모발 성장에 많은 도움이 된다. 녹차에 들어있는 카테킨이란 성분은 두피에 좋지 않은 균을 제거하고 가려움증을 억제하는 데 탁월한 효과와 피로를 해소해주며 B1, B2가 두피의 청결과 혈액순환에 효과가 있다.

그밖에 비타민과 베타카로틴, 리코펜이 풍부한 당근, 단백질과 탄수화물 지질 등이 많은 검은콩은 탈모예방에 좋으며, 불포화지방산과 오메가3지방산이 풍부한 호두, 계란, 석류, 그리고 요오드가 많은 미역은 호르몬을 분비시켜 모발 성장에 도움을 줄 수 있다.

[그림 2-4] 모발 영양

HAIR
SHAMPOO
DRY & HAIR
SETTING
IRON

헤어샴푸

Chapter

03

1) 샴푸의 목적

1960년대 중반부터 샴푸광고가 나오기 시작하면서부터 샴푸세정을 시작하였다. 샴푸로 두피와 모발을 감고 린스나 트리트먼트를 사용하여 머리카락을 정돈하기까지의 일체의 행위로 말하는 헤어샴푸(hair shampoo)는 hair style의 중요한 준비단계이며 고객에게 행해지는 주된 기능으로 두피와 모발을 청결하게 하여 즐거운 기대감이 가득 찬 고객의 피로와 긴장감을 해소하며 두피자극에 혈액순환을 촉진시켜 모근을 강화시킨다. 그러기 위해서는 두피 모발에 붙어있는 피지와 오염된 미세먼지 등 두피세정을 하여 두피상태를 청결하게 하여 가려움 증상을 예방하며 두피에 혈액의 흐름을 좋게 하여 머리카락이 빠지는 현상을 줄여 모발을 건강하게 유지하기 위한 목적의 의미라 볼 수 있다.

샴푸제도 피부상태에 따라 화장품을 선택하듯이 헤어샴푸도 본인에게 맞는 제품을 선택하여야 한다. 매일하는 샴푸인 만큼 두피를 보호하고 영양을 공급해주면 건강한 머리카락이 자라날 수 있도록 환경을 만들어 주는 요인으로써 샴푸세정은 아침에 하는 것보다는 하루 동안 머리카락에 먼지나 오염물질들이 쌓였던 방해요소들을 잠들기 전에 깨끗하게 세정하는 게 바람직하다. 이러한 건강한 모발을 갖기 위한 자신의 노력이 있을수록 모발에 대한 자신감이 커질 것이다.

두피도 얼굴만큼이나 컨디션에 따라 달라질 수 있으므로 샴푸를 한 가지만 사용하기보다는 두 가지를 비치하여놓고 번갈아 사용하는 게 도움이 된다.

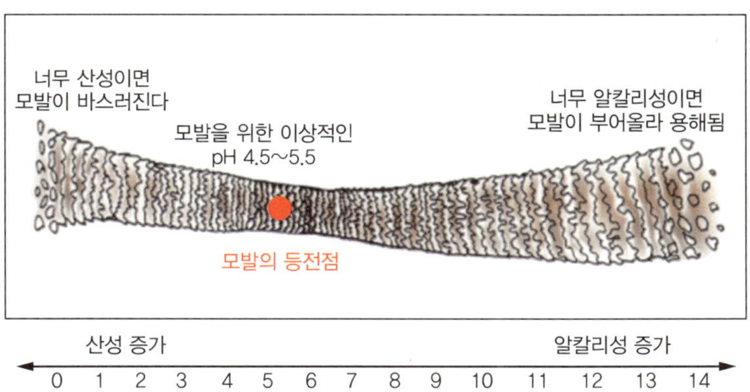

[그림 3-1] 모발 pH

2) 샴푸의 작용원리

샴푸의 주성분으로 클렌징제, 방향제, 보존제, 수용성분산제 등으로 건강한 모발에 샴푸 ph7.5 ~ 8.5 알칼리성 샴푸를 사용하고 손상모발 사용 시 pH 4.5 정도 약산성 샴푸제를 사용하여 노폐물을 제거하기 위해 모발을 가해 문지르거나 빡빡하게 세정할 필요가 없다. 우리 몸의 온도는 36~37도이지만 피부표면의 온도는 그보다 낮은 34~35도로 액상형태의 피지와 비슷하므로 미온수로 꼼꼼하게 머리카락의 붙어있는 먼지나 이물질등을 제거하여 샴푸를 모발에 바르고 거품을 내는 대신 손바닥에 풍성하게 거품을 만들어 모발에 바른 뒤 손가락 지문으로 문지르듯 마사지를 한다. 거품이 충분히 없는 상태에서 마사지를 하게 되면 두피가 따갑고 자극받아 모발손상과 머리카락이 빠지면서 엉키는 현상을 초래한다.

(1) 계면활성제

계면활성제의 독특한 화학분자 구조의 성질로 물과 친화력이 큰 친수기와 기름 친화성 있는 친유기로 이루어져 두피에 생기는 유분을 깨끗이 세정할 수 있다.
머리카락에 달라붙어 있는 오염물질들이 계면활성제가 둘러싸고 물로 이동시켜 떨어지는데 샴푸제로 거품발생과 세정력이 뛰어난 음이온계면활성제 사용하는 데 있어 두피모발의 이물질 제거에 영향이 있다.

① **양이온계면활성제 :** 세정력과 기포력이 우수하여 거품이 잘 나므로 샴푸작용으로 사용

② **음이온계면활성제 :** 살균작용이 크고 정전기 방지로 모발을 부드럽게 하여 엉킨 모발을 풀어주어 린스와 트리트먼트로 사용

③ **양성이온계면활성제 :** 피부나 눈에 자극이 적고 세정력이 좋아 유아용으로 사용

④ **비이온계면활성제 :** 고급알코올 합성세제로 샴푸세정이 강하여 기름과 물을 유지

(2) 샴푸의 종류

① **플레인 샴푸** : 정상적이고 건강한 모발에 사용하며 화학적인 약제를 사용한 펌, 헤어컬러 등을 사용한 손상모에는 사용하지 않는다.

② **환자샴푸** : 활동하기 불필요한 환자에게나 정상적인 샴푸가 불가능한 경우 환자샴푸는 거품이 많이 생기지 않아 두발세정과 헹굼이 간편하게 사용할 수 있다. 헤어토닉 제품으로 면봉에 묻혀 두발과 모발을 닦아낸다.

③ **산성샴푸** : 연산, 린산, 구연산 등 함유로 pH 5~6 정도의 약산성으로 화학약품제를 사용한 후 펌, 염색에 적합하다.

④ **천연샴푸** : 천연재료만을 사용하여 모발에 맞는 재료를 선정한다.

⑤ **비누샴푸** : 코코넛오일, 올리브오일 등으로 만들어져 50% 이상이 물이다. 경수에는 거품이 생성되지 않고 연수에는 거품이 쉽게 생기면서 모발에 비누 때라는 찌꺼기가 남아있다.

⑥ **중성샴푸** : 비누샴푸를 뺀 오일샴푸로 경수와 연수 모두 사용가능하다.

⑦ **달걀샴푸** : 손상 모발과 화학시술 또는 수분부족으로 푸석한 모발에 사용 적합하다.

(3) 린스 및 트리트먼트

① **린스** : 컨디셔너 일종으로 손상모발이 많은 현대인에게 샴푸만으로 모발이 거칠고 푸석한 모발에 린스를 하지 않으면 빗질하기가 어려워진다. 린스는 샴푸 마지막 헹굼 단계에서 사용하고 pH 조절과 머리카락이 엉키지 않고 사용함으로써 모발표면을 매끄럽고 정돈된 머릿결과 정전기 방지와 모발에 윤기를 부여하여 빗질이 잘되기 위한 환경을 만들어 준다. 과거에 샴푸와 린스 대신 비누를 사용하여 머리를 감는 경우 비누 때라는 찌꺼기가 표피에 남아있어 이를 제거하기 위해 린스 대신 구연산과 레몬즙을 물과 희석하여 산성액으로 헹구어냈다. 주요 성분으로 컨디셔닝제, 점증제, 계면활성제, 금속이온봉쇄제, 착색제, 향 pH 조절제 등이 있다.

② **트리트먼트** : 1890년 독일의 미용장인 라우(Raush)가 허브진액을 이용해 다양한 형태의 헤어트리트먼트를 개발한 헤어토닉 트리트먼트 관심이 높아지면서 시초로 화학적 약품시술로 머리카락 손상과 두발 내부의 간층물질이 유실된 손상모에 두발과 유사한 성분으로 배합된 물질을 공급하여 두발에 광택과 탄력을 준다.

헤어트리트먼트 주성분은 모발성분과 비슷한 요소인 케라틴, 실크 단백질과 정제수, 콜라겐, 세틸알코올, 디메치콘 등으로 모발 깊숙이 침투할 수 있도록 계면활성제와 보습제가 첨가된다.
손상된 모발에 수분과 영양공급으로 단백질 손실을 막아주는 모발을 보호하고 펌과 염색시술 후 퇴색을 방지한다. 극손상 모발용으로는 동백오일, 올리브 오일 마카다미아오일, 아르간오일, 천연오일 성분이 사용되고 탄력 강화용으로는 세라마이트 성분과 각종 허브 추출물을 사용한다.
린스와 트리트먼트 사용 시 두발에 물기를 적당히 제거해준 다음에 두피에는 묻히지 말고 모발 중간 부분 아래에서 위로 마사지하여 사용하면 두피모공을 막아 트러블이 발생하는 것을 예방할 수 있다.

[그림 3-2] 여러 종류의 샴푸

❖ 여대생의 샴푸사용에 따른 요인 분석 2008년 9월 여대생 대상으로 설문조사 ❖

총 302명 조사(100% 차지하는 숫자)

① 샴푸사용 횟수
- 샴푸사용 1일 1회 횟수 246명(81.73%)
- 샴푸사용 2일 1회 횟수 74명(13.62%)
- 샴푸와 린스 따로 사용 186명(62%)
- 샴푸만 사용 52명(17.33%)
- 샴푸 린스 겸용 사용 49명(16.33%)
- 아무거나 사용 13명(4.33%)

② 샴푸 시 물의 온도
- 미지근한 물 166명(55.52%)
- 따뜻한 물 69명(23.08%)
- 찬물 43명(14.38%)
- 신경쓰지 않음 21명(7.02%)

③ 샴푸 첫 구매 시 선택기준
- 브랜드 이미지 114명(38.78%),
- 주위권유 67명(22.79%)
- 광고 54명(18.37%)

④ 샴푸사용기준
- 향기 115명(39.66%)
- 기능성 102명(35.17%)
- 세정력 36명(12.41%)
- 환경에 무해한 것 9명(3.1%)

⑤ 전문가 상담하에 샴푸제를 사용하는가
- 그렇지 않다 245명(81.13%)

⑥ 기능성 샴푸의 사용여부
- 사용하지 않음 149명(49.5%)
- 가끔 사용 116명(38.54%)
- 자주 사용 36명(11.96%)

3) 모발관리

두피는 모발에게 밭과 같은 존재이고, 모발은 작물에 해당한다고 할 수 있다. 흙의 두께가 부족하면 작물이 뿌리를 뻗을 수 없으며 뻗으려고 해도 딱딱한 자갈이나 암반에 가로막혀 충분히 뻗지를 못하여 작물은 성장하기 어렵다. 이처럼 피하지방 조직 근처 아래까지 뿌리가 뻗어야만 모세혈관으로부터 영양을 공급받아 그 영양분으로 세포분열을 반복함으로써 점차 굵고 튼튼한 모발로 성장하게 된다. 그러므로 올바른 모발관리의 근원지는 두피모발에 맞는 샴푸제를 선택하여 머리카락뿐만 아닌 두피 클렌징까지 관리하는 목적으로 탈모예방과 건강하고 아름다운 머릿결을 유지시켜 최상의 헤어스타일을 내적, 외적인 부분을 관리하는 것이 중요하다.
린스 대신 모발단백질이 함유된 트리트먼트를 사용하고 영양 있는 음식을 섭취하여 혈액을 통해 내적인 영양공급으로 외부적인 모발이 건강하게 자랄 수 있는 역할을 하게 한다.
일주일에 두세 번 정도 머리카락에 영양팩을 발라 10분 정도 비닐 캡이나 수건으로 덮어두었다가 깨끗하게 잔여물이 남기지 않도록 헹구면 된다.

(1) 헤어 브러싱

브러싱을 통해 엉킨 모발을 빗질하여 두피와 모발상태를 파악하고 경직된 두피를 도와 혈액순환을 이완시켜 환경을 만들어 주면서 두피모발에 묻어있던 노폐물과 이물질들을 제거한다.
하루에 한 번 샴푸세정 직전에 엉킨 모발을 빗질한다. 긴 모발일 경우 모발 끝자락부터 중간부분 두피 순으로 빗을 세워 위에서 아래로 빗질하여 결을 차분하게 해준다. 자극이 심하지 않는 소재 브러시를 선택하는 것도 잊지 말자.

1. 브러시 사용 도구

① 돈모 : 빗살모양이 촘촘하고 정밀하게 결을 표현 할 때 사용하므로 곱슬머리를 차분하게 결을 펴기도 웨이브를 만들기도 하지만 시간이 많이 소요된 만큼 완성될수록 유지 기간도 길어진다.

② 나일론 모 : 빠른 시간에 시술할 수 있으나 빗살에 모발이 잘 엉키는 현상으로 초보자에게는 이용하기 어려울 수 있다. 섹션을 넓고 크게 볼륨을 준다.

③ 가시돈모 : 돈모와 나일론모의 합성으로 정전기 발생이 적으면서 컬을 만들거나 펴 주는데 스타일링 시 용이한 점이 많다.

④ 금속성모 : 빗살이 모두 금속성으로 되어 있어 열전달이 빠르며 시술시간을 단축시켜주는 장점이 있으나 브러시에 열이 달구어져 화상을 입을 수 있는 단점이 있다.

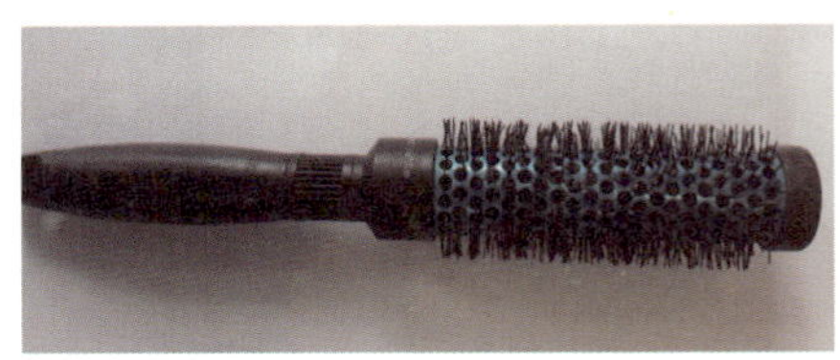

⑤ S자 브러시 : 젖은 모발을 말리면서 방향, 볼륨, 짧은 모발에 자연스럽게 드라이 연출이 가능하게 해준다.

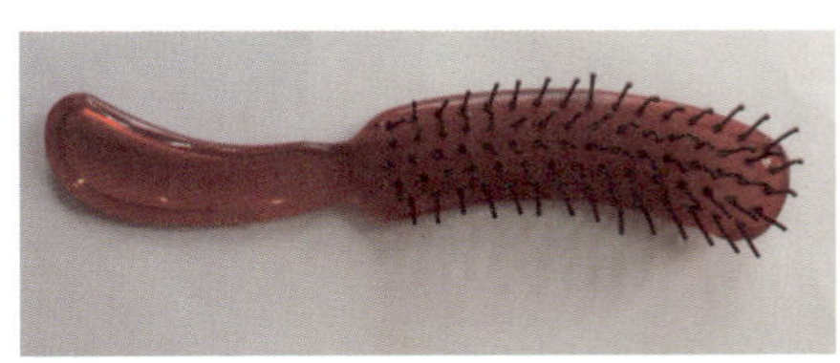

⑥ 쿠션브러시 : 머리카락을 빗질할 때 두피가 아프지 않도록 가볍게 빗어주는 빗으로 몸체는 탄력성 있게 만들어진 쿠션브러시는 목적에 따라 선택하여 사용한다.

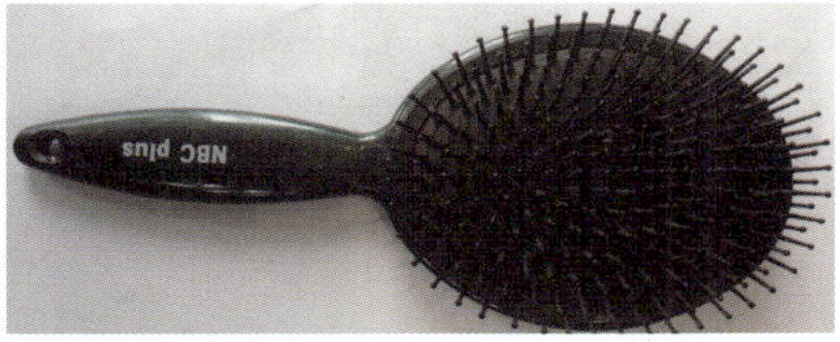

⑦ 꼬리 빗 : 빗살이 촘촘하며 손잡이 끝이 뾰족하여 올림머리를 할 때, 백콤과 두피모발 블로킹 나눌 때, 섹션, 열을 가한 아이론 사용 시, 모발결 정리로 사용한다.

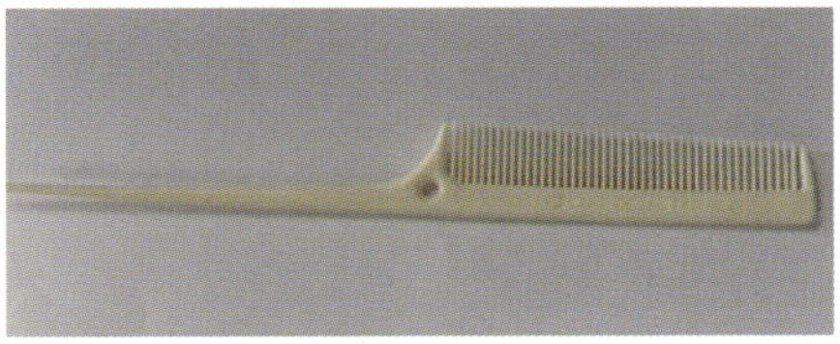

⑧ 핀셋 : 손으로 잡기 어렵거나 모발을 고정할 때 사용하며 핀셋 끝이 뾰족하지 않아 두피에 상처를 입히지 않고 집을 수 있다.

(2) 머리카락 빗질방법

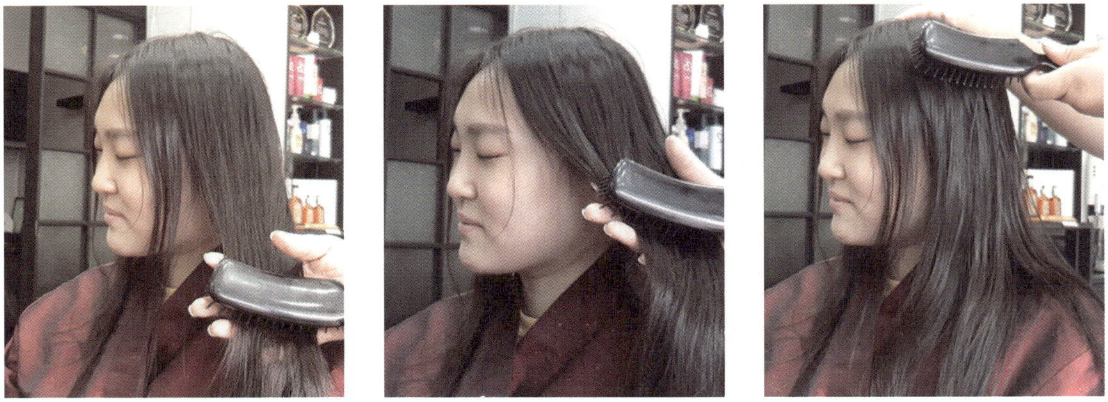

① 긴 모발일 경우 3단계로 나누어서 모발 끝부분부터 빗질하여 중간 부분 그리고 두피에서 모발 끝까지 빗질한다.

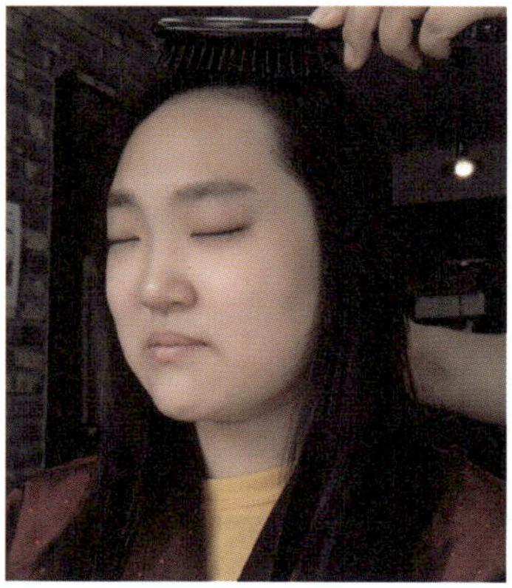

② 이마 앞부분(C.P)부터 시계방향으로 시작하여 네이프(N.P)까지 빗질하여 두상곡면을 따라 두피에 밀착시켜 두피정수리(G.P)까지 끌어올려 빗질한다.

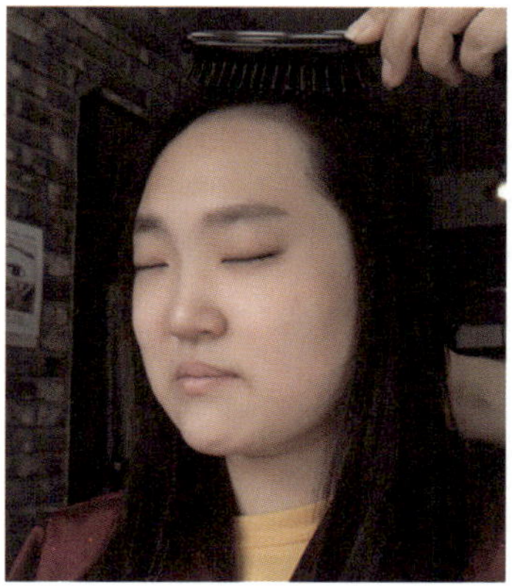

③ 이마 앞부분(C.P)부터 시계반대방향으로 네이프(N.P)까지 빗질한다. 두상곡면을 따라 두피에 밀착시켜 아래서 위로(G.P) 끌어올려 빗질한다.

(3) 두피 마사지

두피마사지를 해주면 정신건강에도 좋으며 모유두로부터 영양공급을 받아 머리카락 성장이 이루어지고 쌓였던 육체피로, 뻣뻣하고 뭉친 근육의 긴장을 풀어주고 이완시켜 두통예방에도 효과를 볼 수 있다. 두피를 두드리기, 누르기, 튕기기, 잡아당기기 등을 반복하되 손톱으로 두피에 자극이 가지 않도록 주의한다.

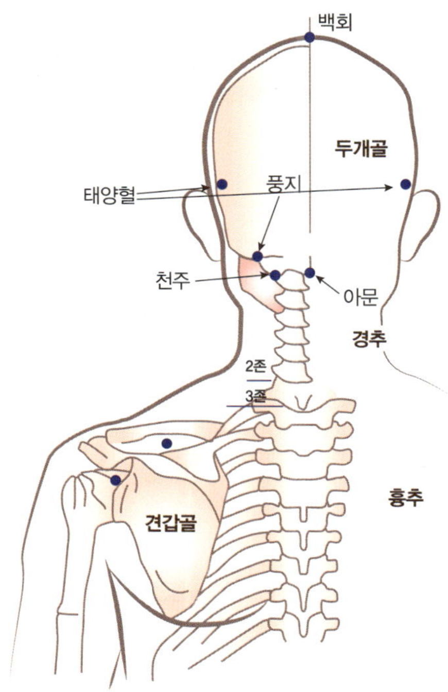

[표 3-1] 두피 혈점 지압

백회	머리정수리 부분
태양혈	눈썹 끝과 눈꼬리 끝부분이 만나는 움푹 들어간 곳
아문	뒷머리 중앙 아래쪽의 움푹 들어간 부분
풍지	천주바깥 2~3cm 부근의 오목한 부분으로 혈액순환 및 노폐물 배출
천주	뒤통수 제비초리에서 약간 올라간 곳에서 목줄기 중심에서 좌우로 살짝 들어간 부분

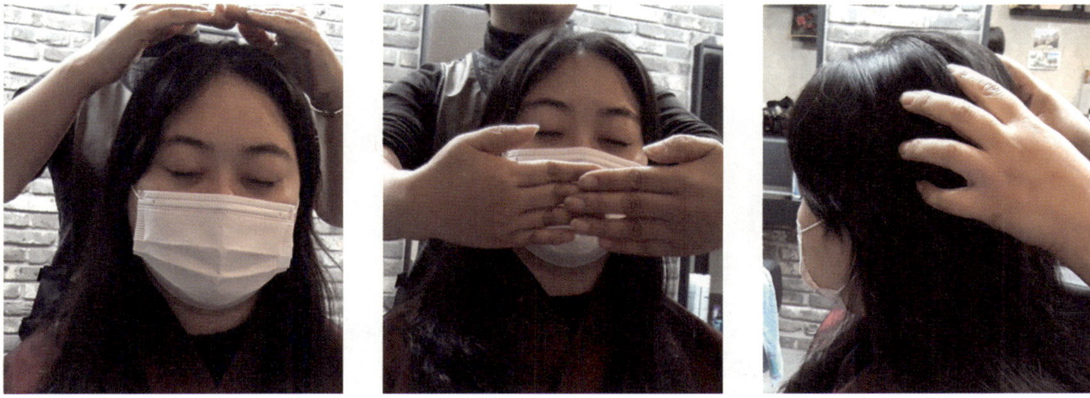

① 편안한 상태에서 긴장을 풀고 아로마향 한 방울을 손바닥에 떨어뜨려 두 손 모아 비벼 모델 얼굴에 15cm 거리를 두어 호흡을 들이 마시고 내뿜기를 반복한 다음 모발 전체를 쓰다듬어 준다.

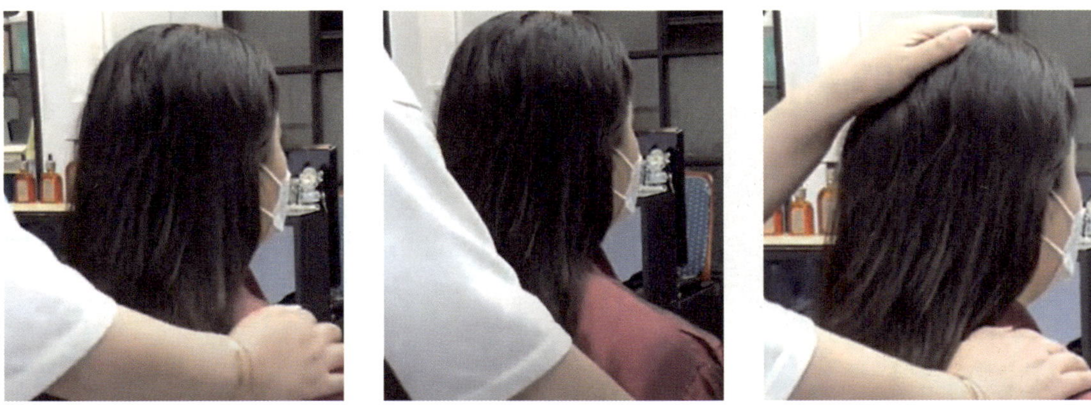

② 뭉친 어깨를 훑어주어 긴장을 풀어준 다음 한쪽 손은 정수리, 다른 한쪽 손은 우측 어깨에 올려 어깨는 고정하고 머리만 앞뒤로 눌러 뒷목을 이완시켜 준다.

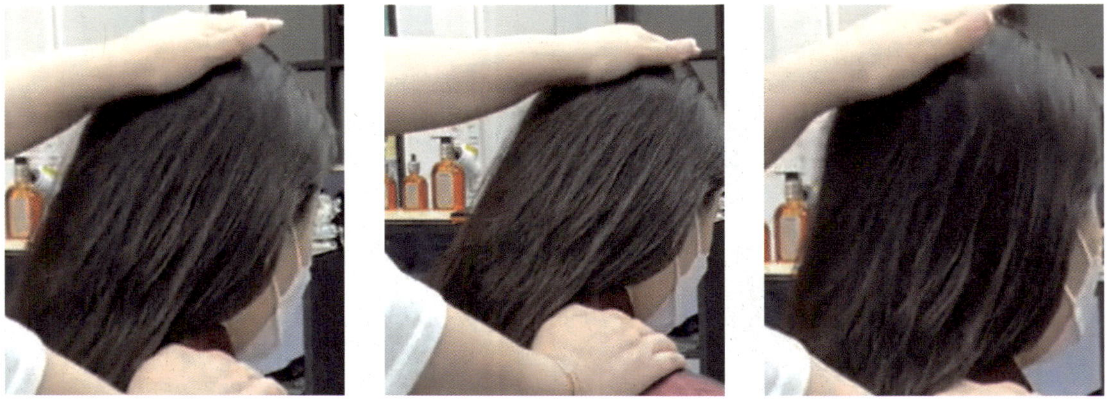

③ 고개를 앞으로 숙였다가 다시 제자리 2~3번 반복한다.

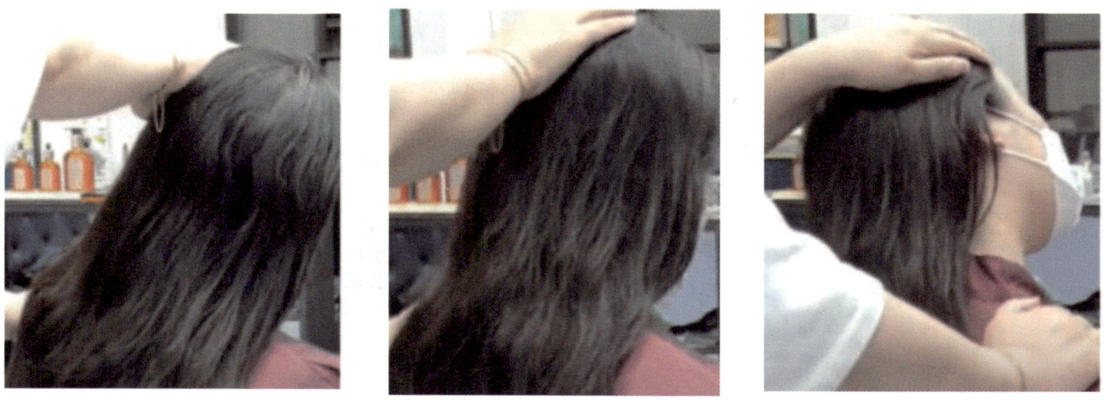

④ 한손은 머리를 누르고 다른 한손으로 어깨를 눌러 좌우 목을 늘려 이완시켜 준다.

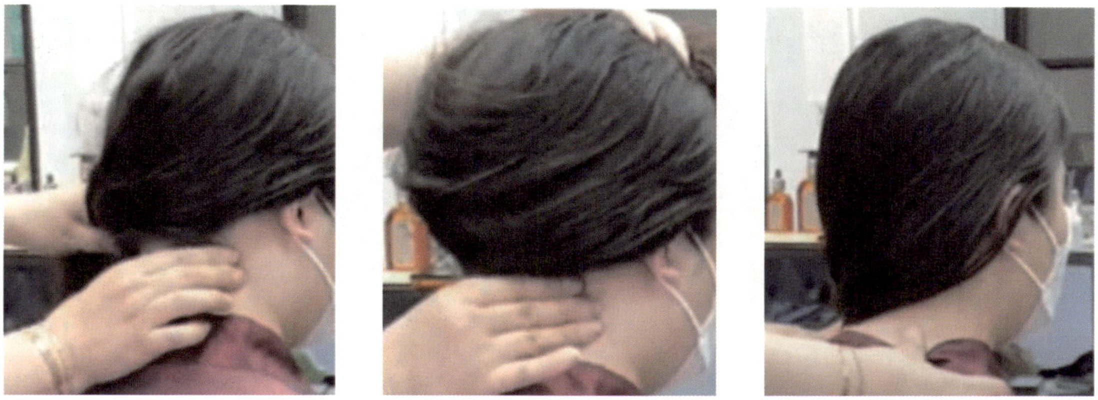

⑤ 한 손으로 이마에 대고 다른 한 손으로 천주와 풍지를 지압하여 목의 근육을 풀어준다. 엄지와 손가락을 이용하여 둥굴게 지압시킨다.

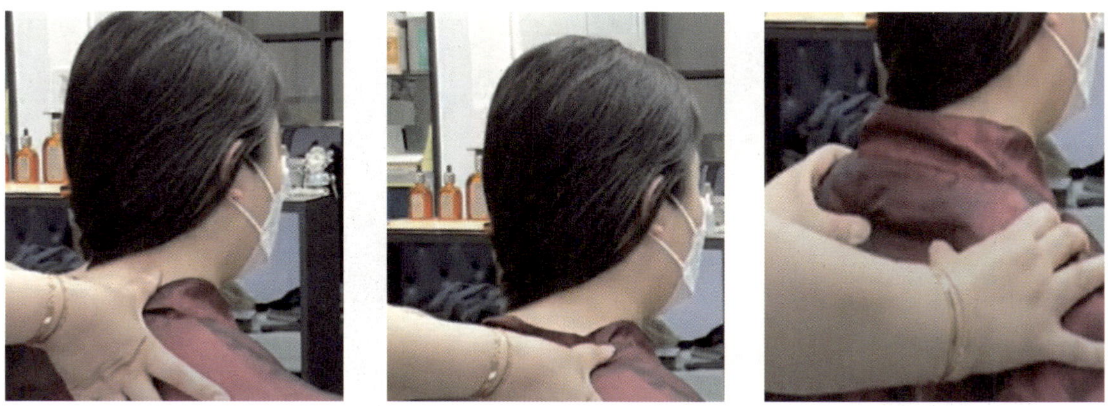

⑥ 승모근 주위를 엄지손가락을 지압과 둥글리듯 지압해준다. 어깨 주위를 마사지 해준다.

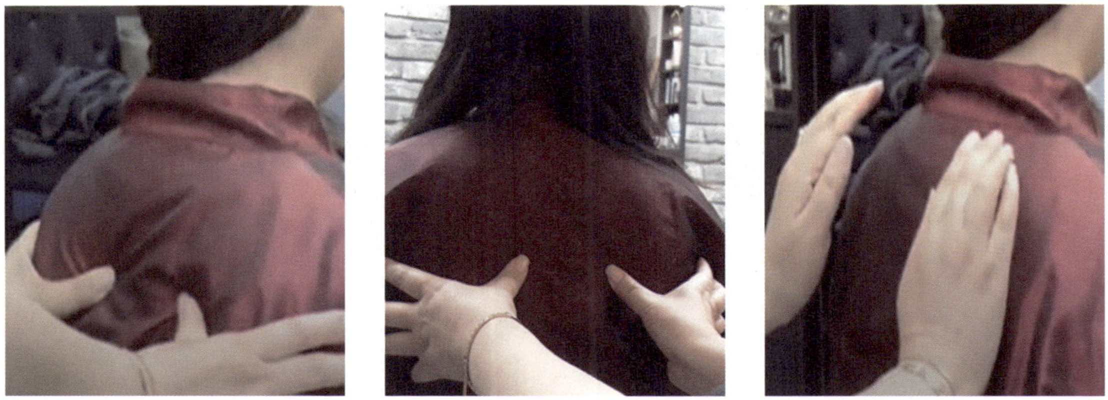

⑦ 견갑골 주위를 지압하며 등을 손바닥으로 오목하게 하여 두드리기 한다.

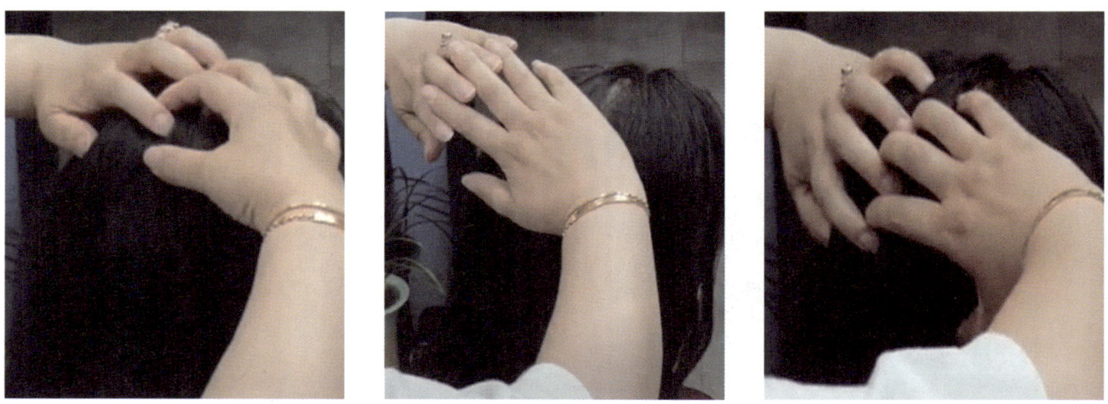

⑧ 손가락 깍지를 껴 탑, 골덴포인트, 후두부 부분에 지압한다.

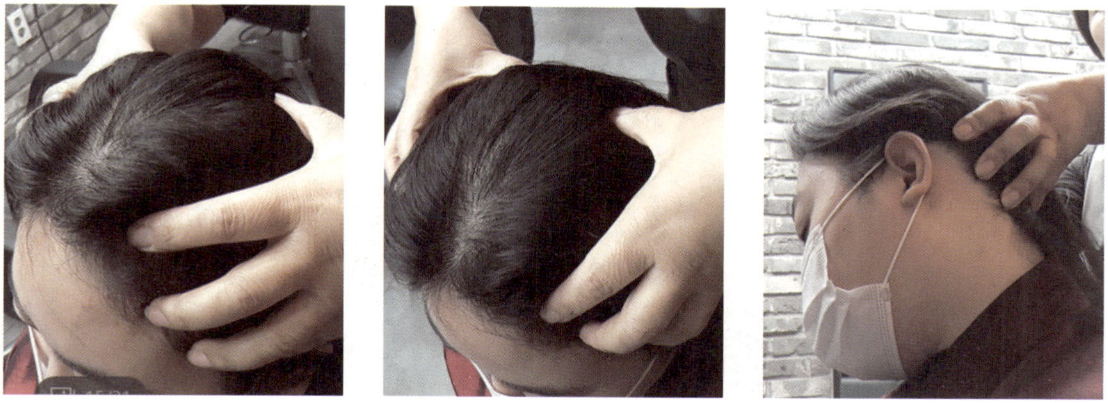

⑨ 양쪽 손가락을 이용하여 페이스라인 사이드 얼굴선을 따라 지압해주며 머리 뒷부분 머리나는 가장자리 부분에 지압한다.

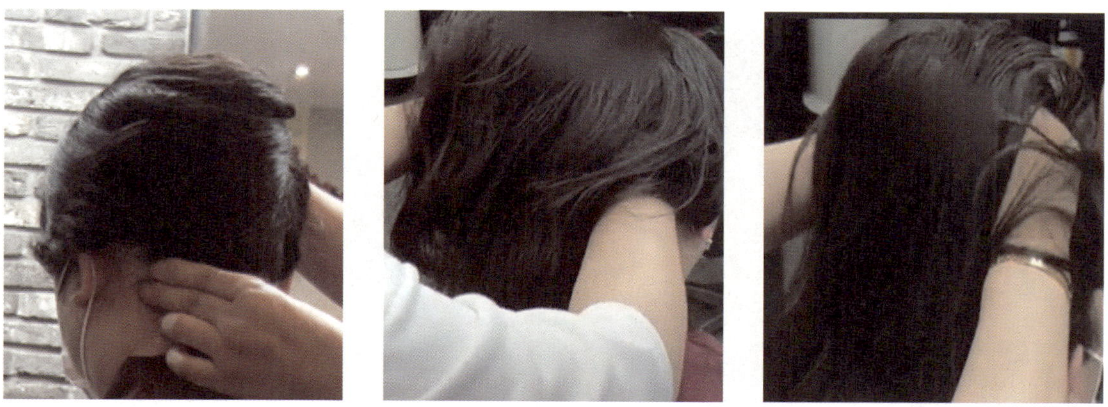

⑩ 풍지혈점 부분을 엄지와 검지중지를 사용하여 지압한 후 위쪽으로 힘을 가해준다. 손가락을 머리 사이에 넣어 살짝 잡아당겨준다.

⑪ 양쪽 손가락 지문쪽을 이용하여 두피 전체를 살포시 두들겨주고 튕겨준다. 손가락을 사용하여 모발결을 정리하여 쓰다듬어 준다.

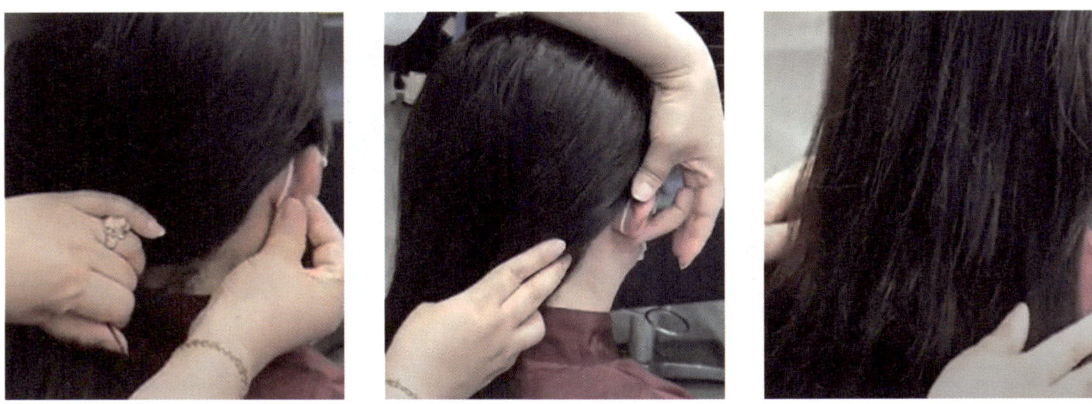

⑫ 귀 전체를 주물러 지압해주고 바깥쪽으로 잡아당겨준다. 귀를 반으로 접었다 폈다 한다.
두상의 모발결을 정리하여 마무리한다.

(4) 샴푸할 때 고려사항

① 샴푸제는 정량을 사용하여 수질오염과 샴푸제 낭비를 최소화하도록 한다.

② 헤어컬러와 헤어퍼머넌트 등의 화학적 서비스 전에는 두피의 자극을 줄이고 모발의 이물질을 제거하는 느낌으로 가볍게 샴푸한다.

③ 헤어컬러 서비스 후 헤어라인, 귀, 목, 뒷부분 등 잔여물이 충분히 헹궈졌는지 반드시 체크한다.

④ 샴푸 시 수온은 38~40℃가 적절하나 고객의 요구를 반영하여 조절한다.

⑤ 샴푸 시 고객의 체형에 맞춰 샴푸대를 조절하고, 고객의 옷이 젖지 않도록 가운이나 어깨보 또는 타월 등을 착용시킨다.

⑥ 샴푸하는 동안 얼굴 등에 물이 튀지 않도록 주의하고 샴푸 후 충분하게 헹궈준다.

⑦ 타월 드라이 시 젖은 머리카락이 얼굴에 흘러내리지 않도록 타월로 충분하게 두상을 감싸며 모발의 물기를 제거한다.

⑧ 샴푸 후 이동 시, 두상을 감싸고 있는 타월이 풀리지 않게 단단하게 고정해야 한다.

⑨ 타월 드라이 후 고객의 두상, 목, 어깨를 가볍게 두드려 샴푸의 만족감을 높이도록 한다.

⑩ 샴푸 시 분실 우려가 있는 고객의 귀걸이나 헤어핀 등은 샴푸 전에 별도 보관하도록 한다.

⑪ 샴푸 시 고객과의 신체적 접촉에 유의하며 일정거리를 유지하도록 한다.

⑫ 고객에게 안정감을 줄 수 있도록 샴푸실의 소음, 조명에 주의한다.

⑬ 고객에게 불쾌감을 주지 않도록 미용사의 체취 등에 특별히 주의한다.

⑭ 특수목적 샴푸를 서비스한 후 주변정리를 깨끗이 해서 다음 고객 서비스에 불편이 없도록 한다.

⑮ 샴푸 시술 후 주변 환경 정리정돈

- 샴푸대 또는 주변의자 및 바닥의 물기 제거
- 샴푸도기 및 샴푸기름망의 머리카락 제거
- 사용한 타월, 샴푸보, 제품 등 정리

(5) 헤어샴푸(수행준거)

① 고객의 편의를 위해 가운 및 무릎덮개, 어깨타월을 착용해 주고 샴푸를 준비할 수 있다.
② 엉킨 모발의 정돈과 이물질 제거를 위해 사전 브러시를 할 수 있다.
③ 고객이 불편하지 않도록 샴푸대의 높이와 수온 및 수압을 조절 할 수 있다.
④ 얼굴에 물이 튀지 않도록 모발에 물길을 만들어 모발을 충분하게 적실 수 있다.
⑤ 모발길이 및 모량에 따라 적당량의 샴푸제를 사용하여 두피 매니플레이션을 할 수 있다.
⑥ 샴푸 성분이 남지 않도록 페이스라인, 귀, 모발, 두피 등을 충분하게 헹굴 수 있다.

특수목적 샴푸하기(수행준거)

① 헤어컬러, 헤어퍼머넌트에 사용한 화학제품의 종류를 정확하게 파악하고 샴푸제를 사용할 수 있다.
② 헤어컬러, 헤어퍼머넌트에 사용된 약제와 테크닉의 특성을 고려한 샴푸순서와 방법을 적용할 수 있다.
③ 모발과 두피로부터 화학제품이 충분하게 제거될 수 있도록 샴푸할 수 있다.

헤어트리트먼트하기(수행준거)

① 샴푸 후 두피, 모발 상태를 파악하여 모발 트리트먼트를 할 수 있다.
② 트리트먼트제를 모발에 도포한 후 두피 지압과 매니플레이션을 할 수 있다.
③ 트리트먼트제가 페이스라인, 귀, 두피 등에 남지 않도록 충분하게 헹굴 수 있다.
④ 타월로 모발의 물기를 제거한 후 두상을 타월로 감쌀 수 있다.
⑤ 샴푸대 및 주변을 깨끗하게 정리한 후 고객을 서비스 공간으로 안내할 수 있다.

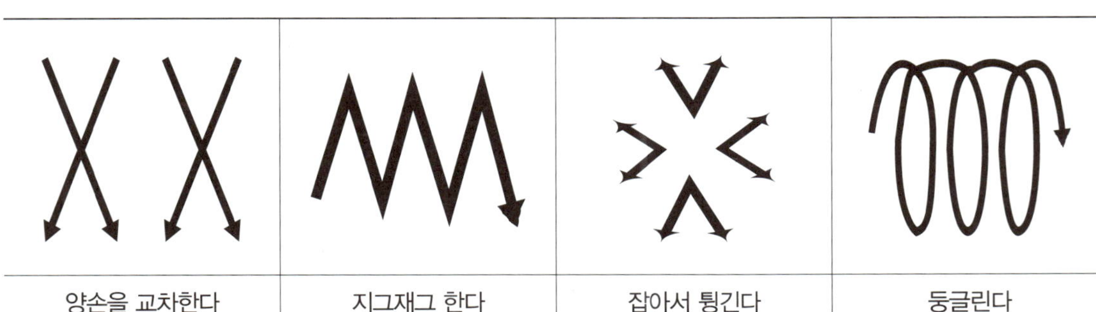

[그림 3-3] 샴푸 시 주요테크닉

4) 실기편 – 샴푸

(1) 좌식샴푸

좌식샴푸는 주로 짧은 머리커트를 한 후 머리카락만 털어내고 자리에서 바로 샴푸 시술하는 것으로 진행한다. 의상에 물과 오염물질이 튀지 않도록 가운을 착용하여 어깨에 타월을 감싸 방수가 되는 샴푸보를 두르고 고객에게 불편함이 없도록 주의한다.

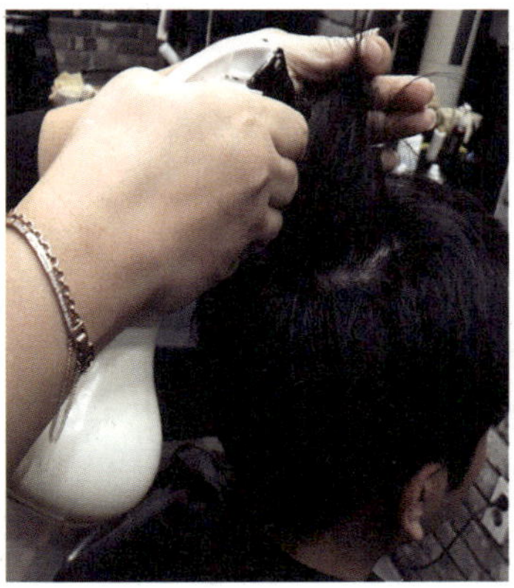

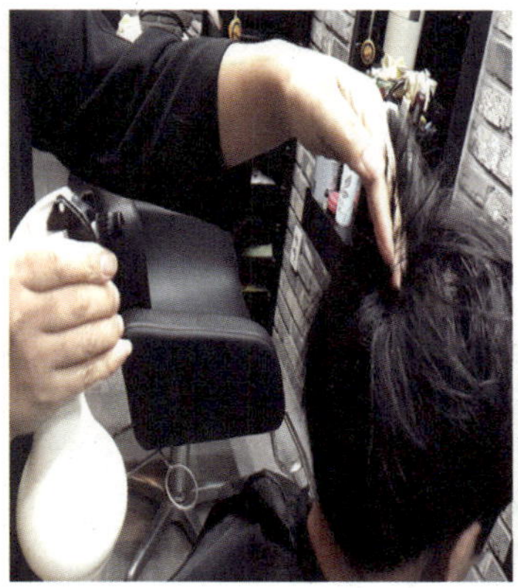

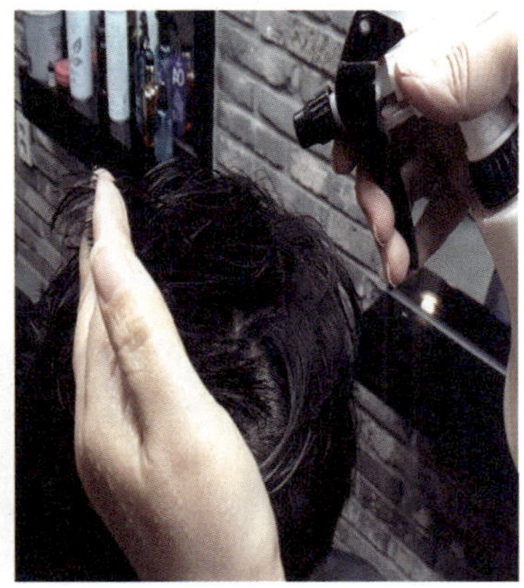

① 두피와 모발전체에 적당량의 물을 분무하여 물이 얼굴에 흘러내리지 않도록 주의하며 적신다.

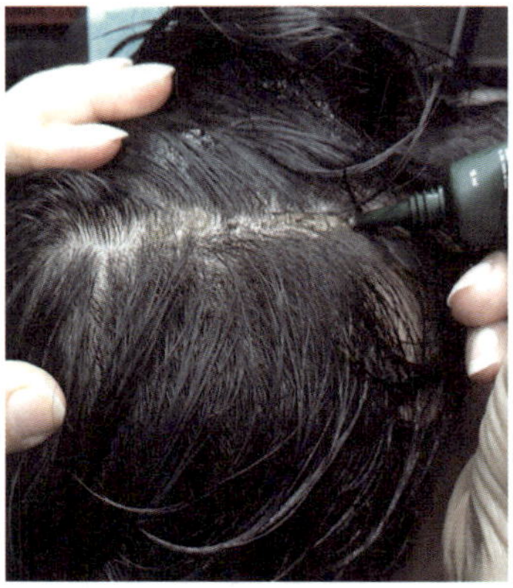
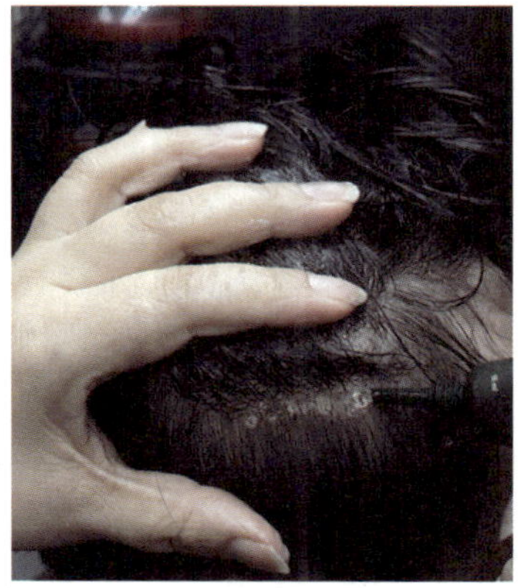

② 센터를 중심으로 샴푸액을 도포하여 측두부, 후두부 순서로 도포한다.

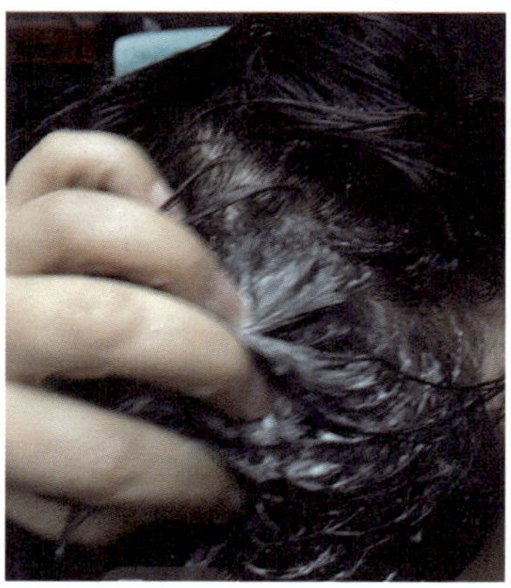
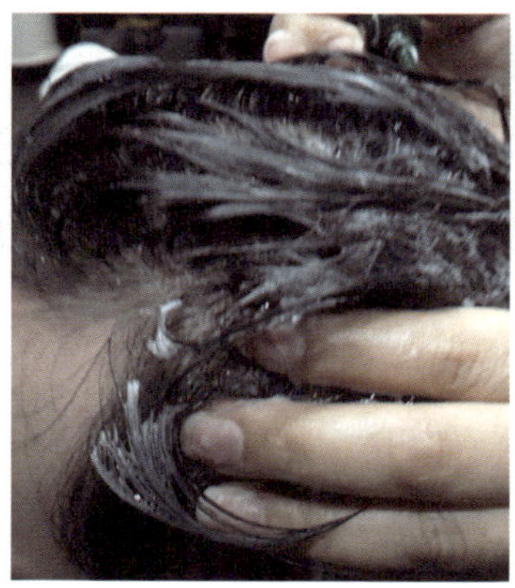
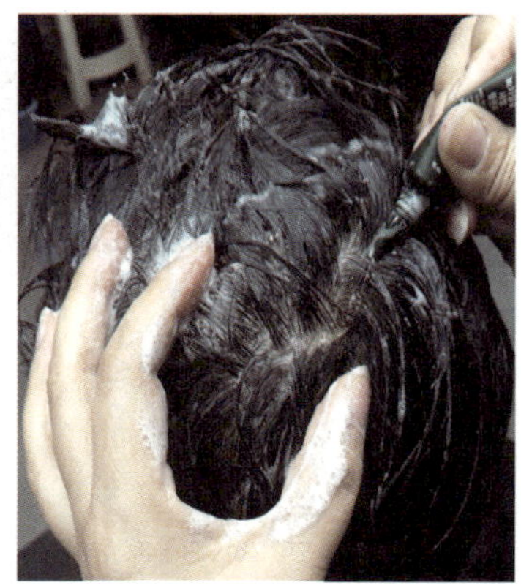

③ 한손은 샴푸액을 도포하면서 다른 한손으로 핸들링 하며 조금씩 도포하여 흘러내리지 않도록 한다.

④ 양쪽 손을 이용하여 둥글려 주면서 충분한 거품을 만들기 시작한다.

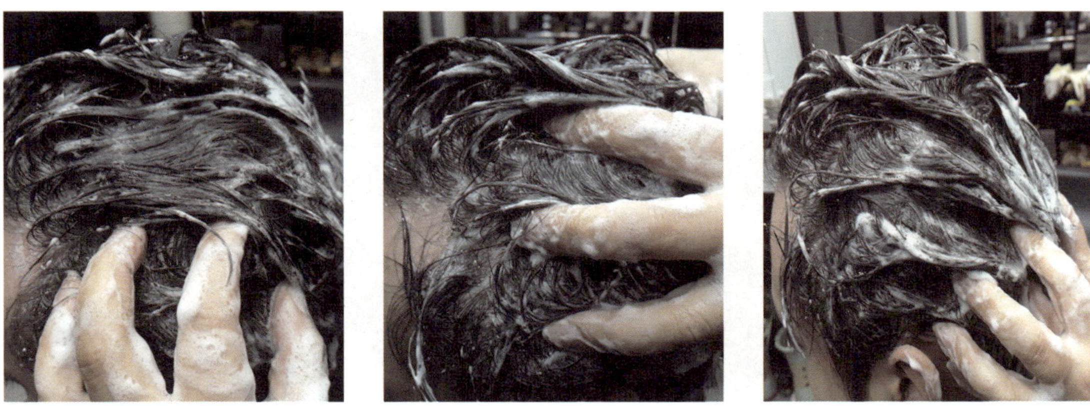

⑤ 전두부부터 양쪽 손가락을 이용하여 지그재그, 교차, 둥글리기 샴푸 테크닉을 한다.

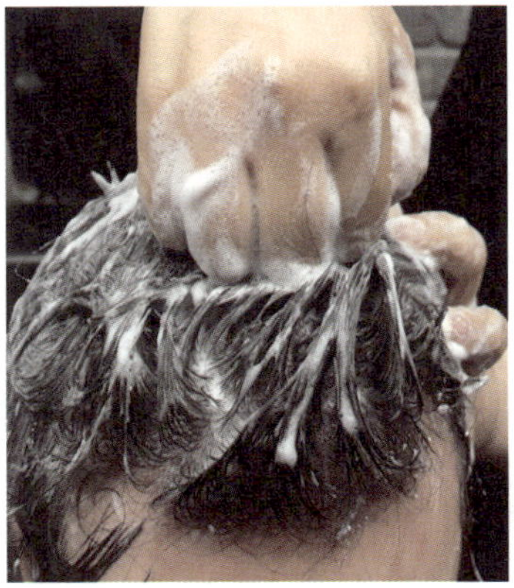 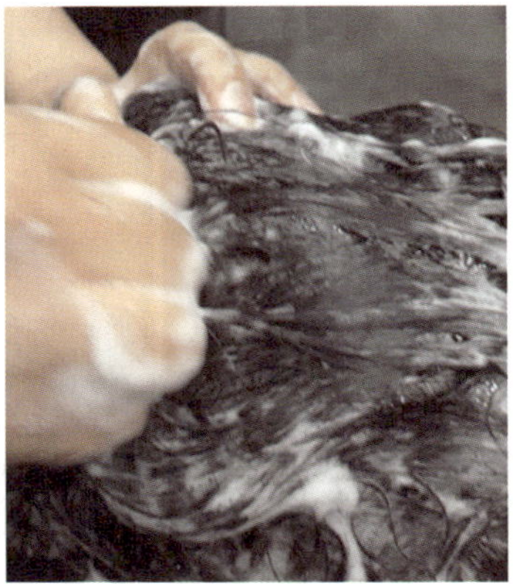 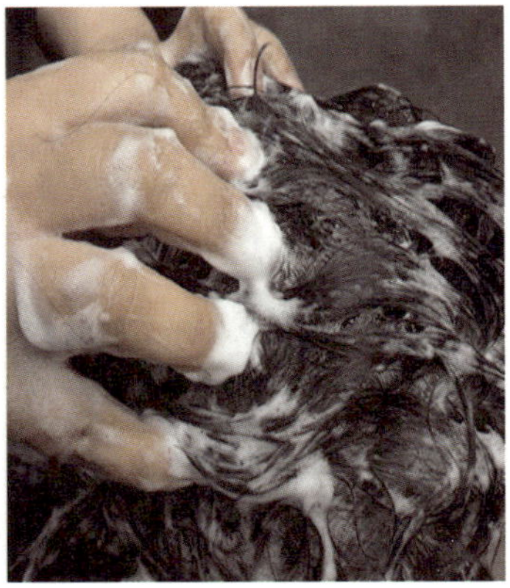

⑥ 한 손으로 두피가 흔들리지 않도록 받쳐주고 다른 한 손으로는 손가락을 구부려 롤링한다. 센터 중심에서부터 좌우측두부, 후두부 아랫부분에서 위로 올라가며 시술한다.

⑦ 머리가 흔들리지 않도록 한 손은 머리를 받쳐주고 다른 한 손은 후두부 아래에서 위로 샴푸테크닉(지그재그, 둥글리기)을 진행한다.

⑧ 페이스 얼굴선을 따라 지압한다.

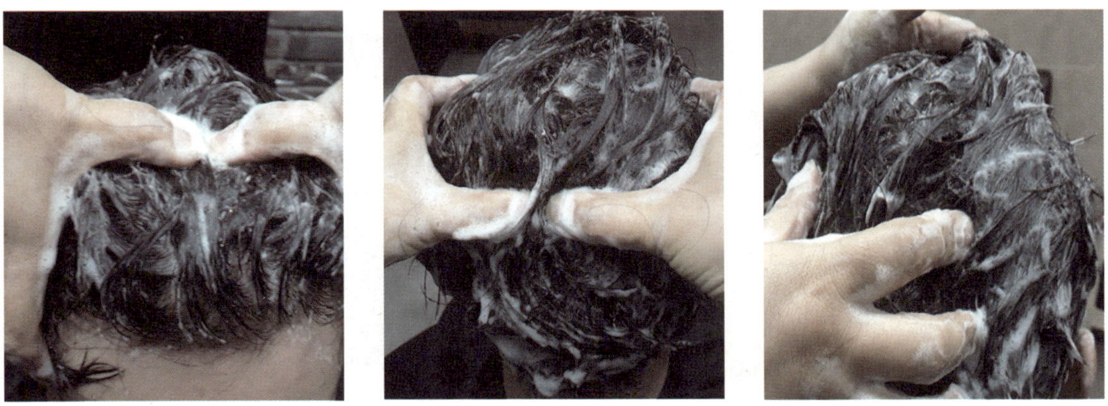

⑨ 센터, 탑, 백센터, 네이프 순으로 지압한다.

⑩ 두피에 손가락을 밀착시켜 튕겨준다.

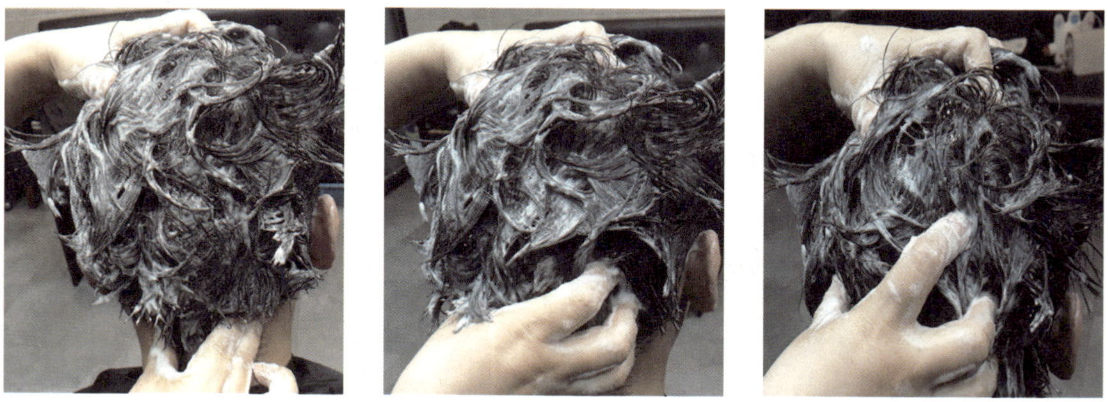

⑪ 혈점, 천주, 풍지, 아문, 태양혈, 백회 부분을 손가락을 이용하여 눌러준다.

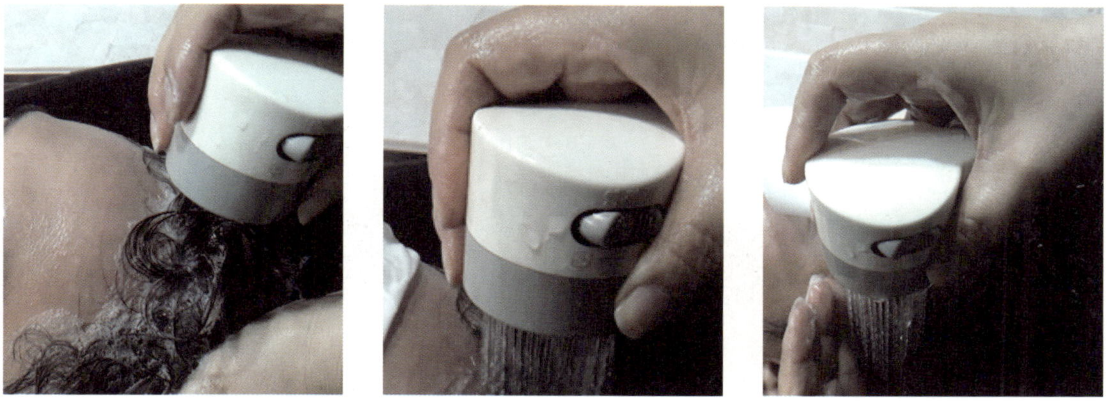

⑫ 샴푸테크닉이 끝난 후, 샴푸실로 이동하여 물로 헹구어 준다.

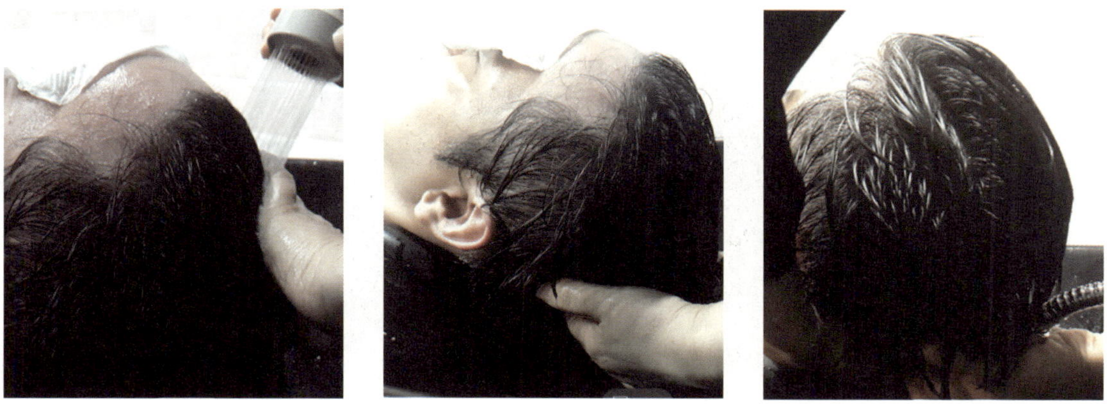

⑬ 전두부, 좌우측두부, 후두부 순으로 세정한다.

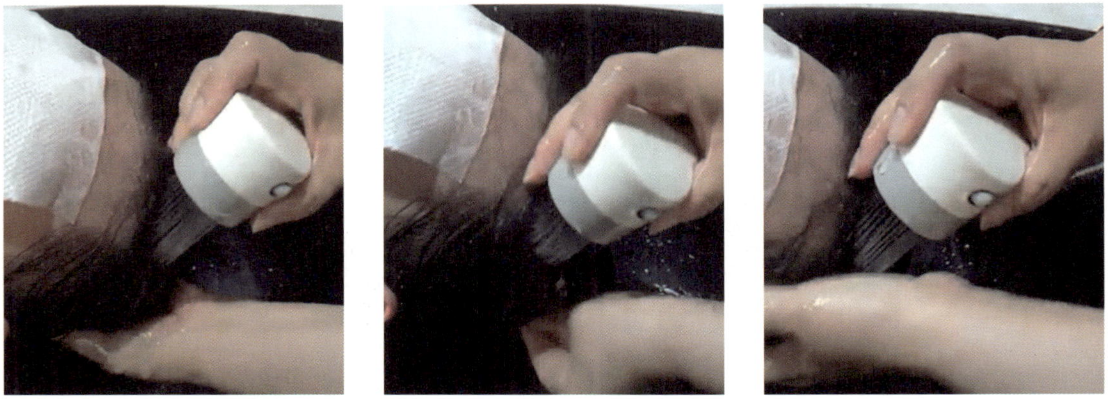

⑭ 샴푸의 거품이 남아있지 않도록 두피와 모발을 깨끗하게 세정한다.

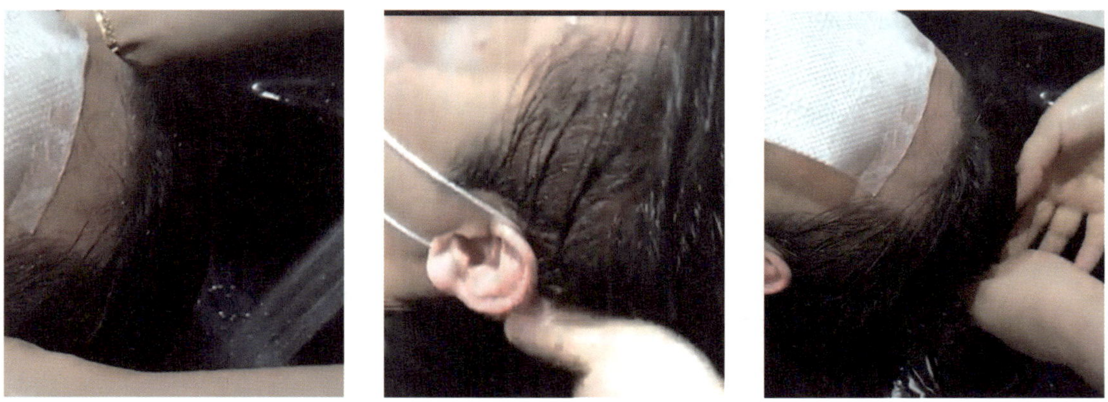

⑮ 페이스라인, 귓불과 목덜미 부분까지 깔끔하게 헹구어준다.

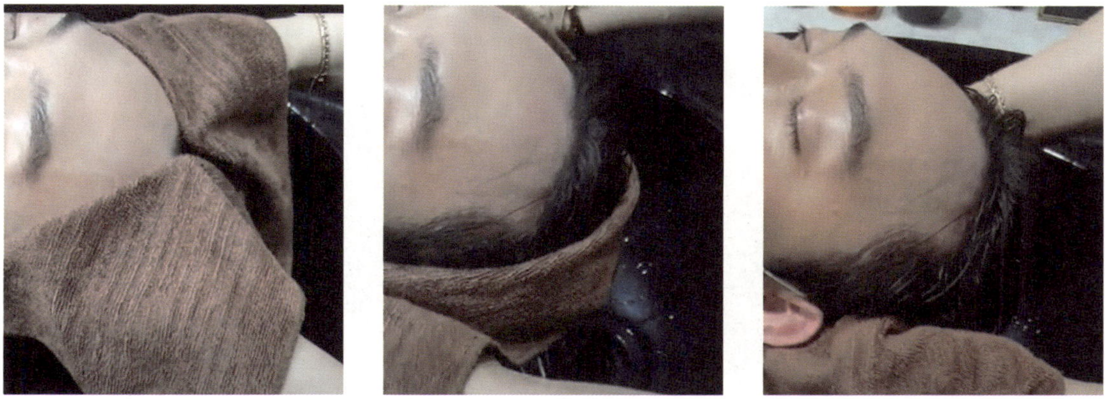

⑯ 수건으로 이마부터 물기를 제거하여 귀에 물이 들어있는지 확인 후 닦아준다.

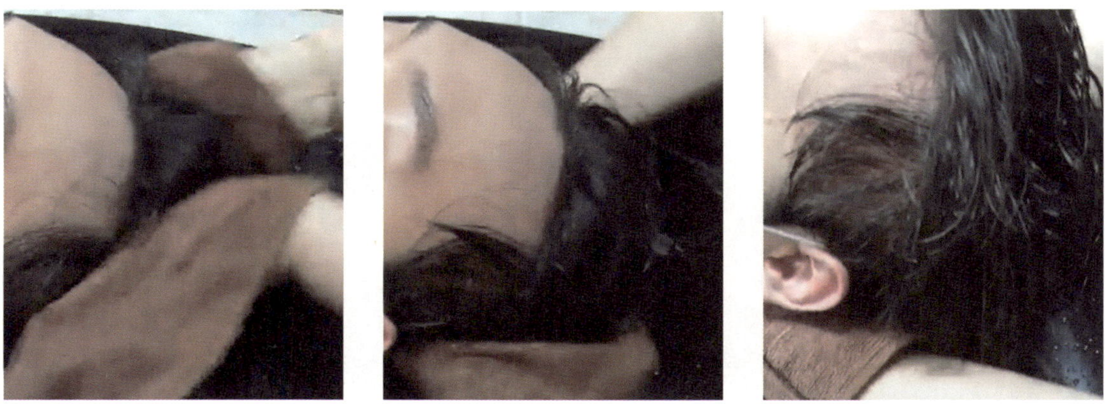

⑰ 두피와 모발 전체를 타월로 감싸 물기를 제거한다.

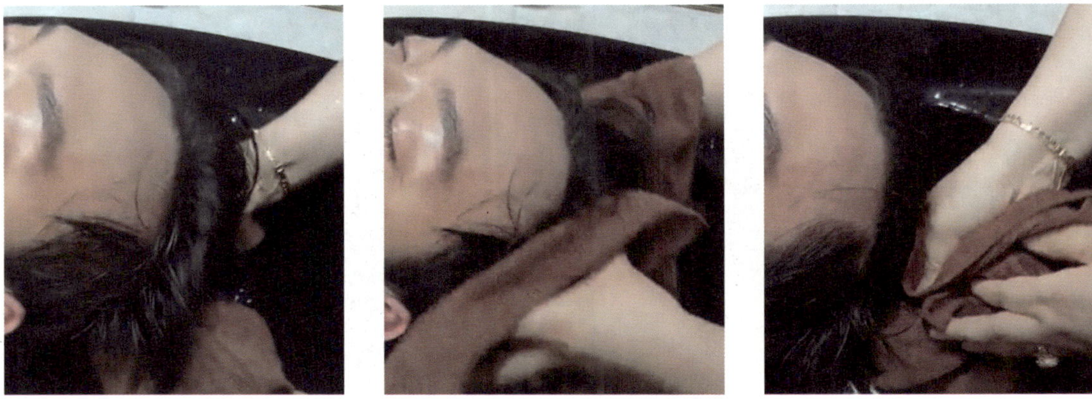

⑱ 손가락으로 타월을 잡고 모발 전체를 튕겨준다.

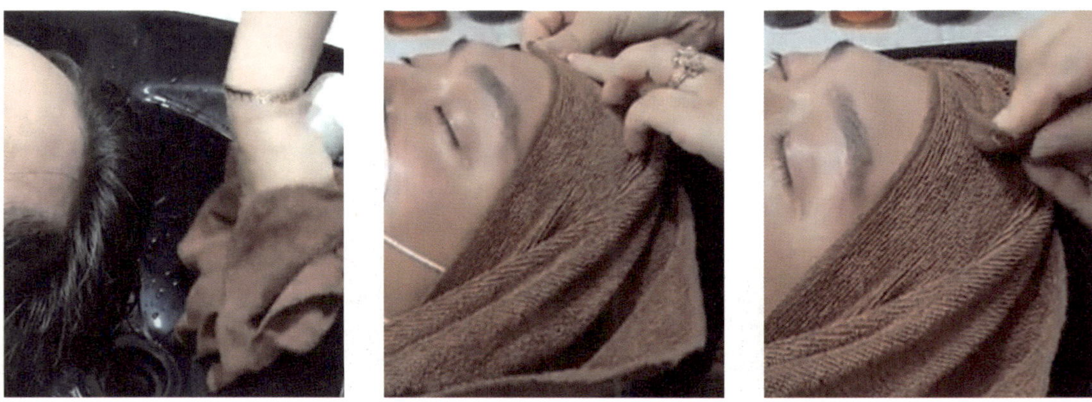

⑲ 샴푸 시술이 끝난 다음 샴푸대 주변의 물기도 닦아준다.

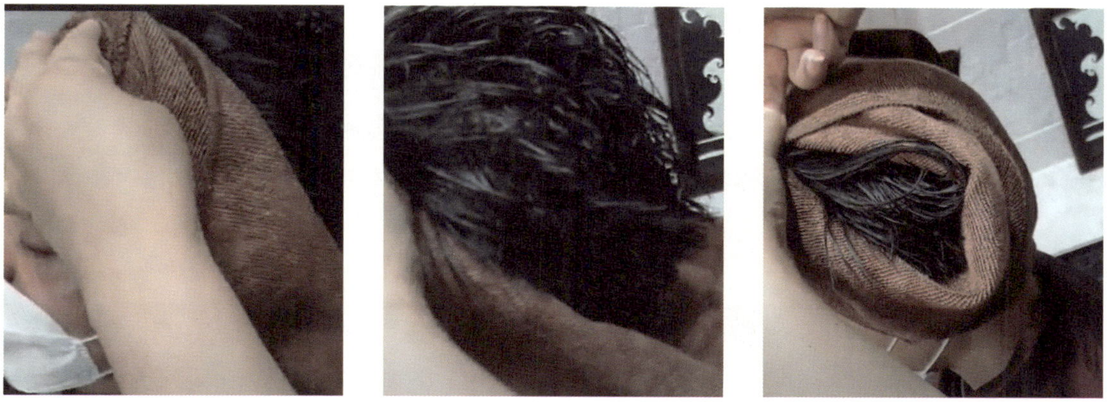

⑳ 두발에 수건을 감싼다.

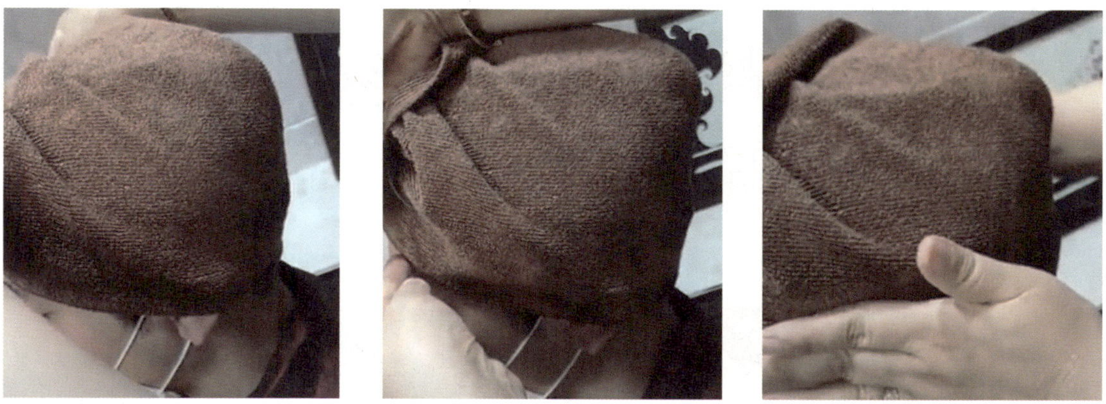

㉑ 자리로 이동할 때 타월이 떨어지지 않도록 주의 한다.

(2) 와식샴푸

두피와 모발의 상태를 진단하여 샴푸제를 선정한다. 샴푸 시 고객의 의상에 물이 튀지 않도록 가운을 입혀주고 어깨에 타월을 감싸 샴푸대에 고객이 편안한 자세로 샴푸시술이 될 수 있도록 고객의 머리를 한손으로 받치고 샴푸대에 누울 수 있도록 돕는다. 물의 적정온도 38~40℃로 시술자의 손등에 물의 온도를 체크하여 고객의 요구를 반영하여 조절한다.

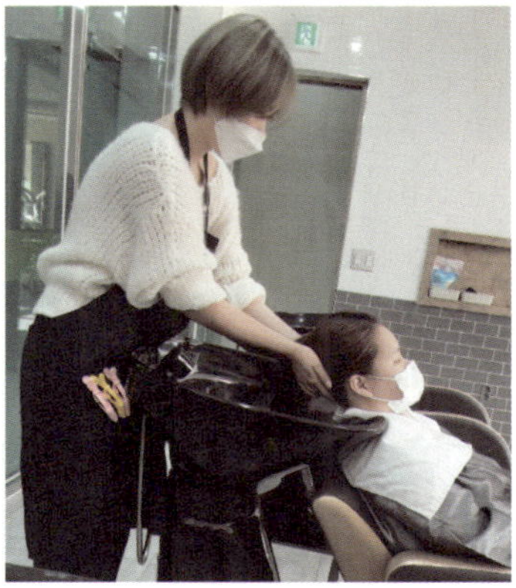
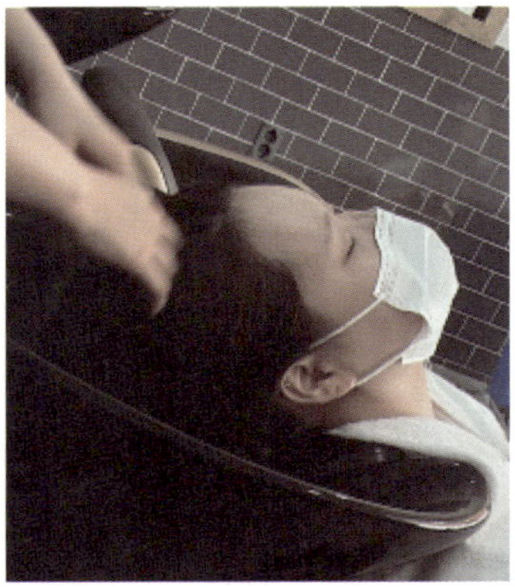

① 고객의 이마와 머리를 손으로 받치고 샴푸대에 편안하게 눕힌다. 이때 고객의 옆 사이드 또는 고객의 백 방향에서 두 손으로 머리를 받쳐 눕혀 주어도 된다. 엉킨 모발의 결을 정리하여 준다.

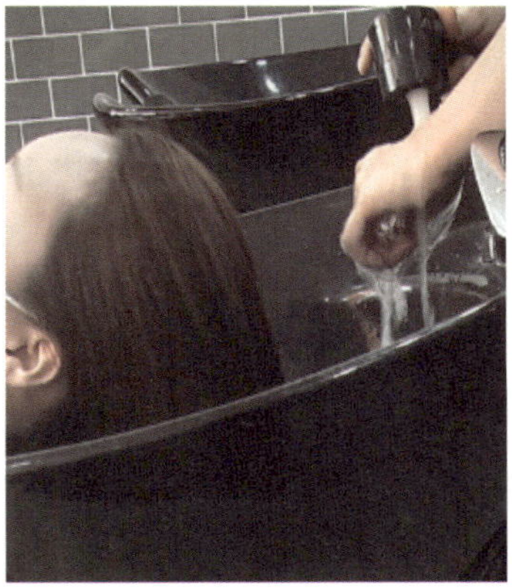
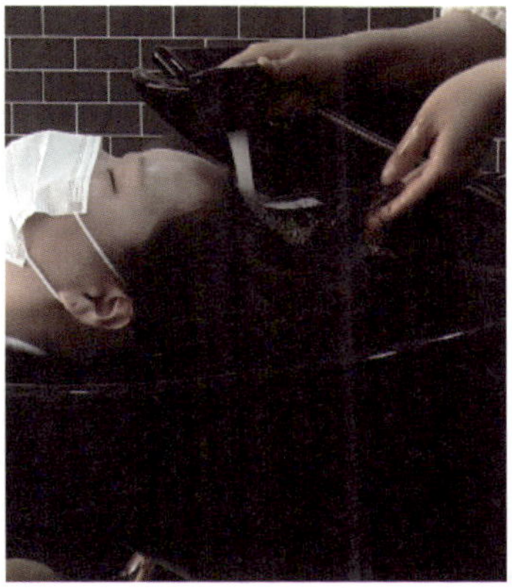
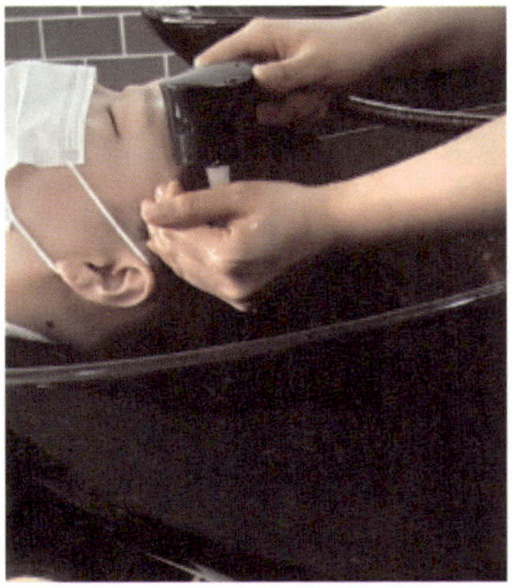

② 물의 온도를 체크하여 두피 모발에 충분히 적신다.

③ 전두부, 측두부, 후두부로 나누어 손가락을 롤링하면서 두피와 모발에 수성의 때, 이물질들을 제거한다.

④ 모발 길이에 따라 샴푸제를 펌핑하여 손바닥에 거품을 만들어 두피 모발에 거품을 만들어준다.

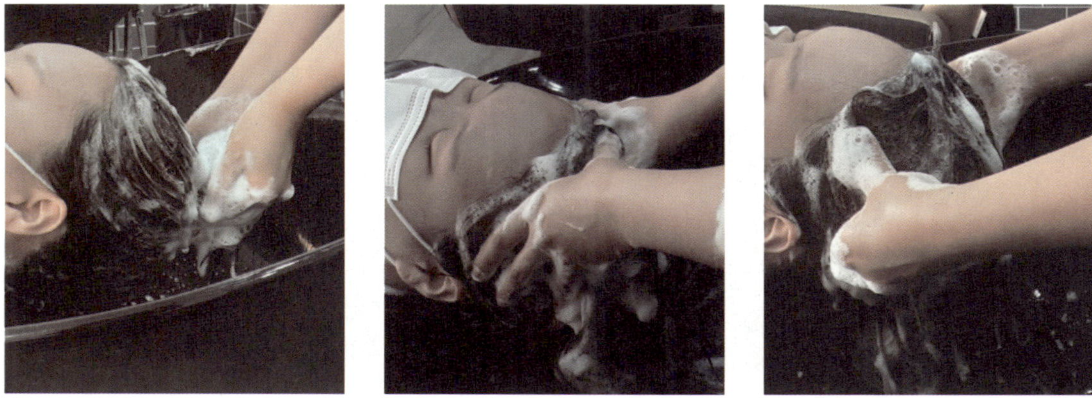

⑤ 충분한 거품이 만들어졌을 때 샴푸테크닉 기본 동작한다.

⑥ 정수리와 사이드 부분에 손가락을 이용하여 지그재그, 둥글리기, 교차하기 마사지하여 준다.

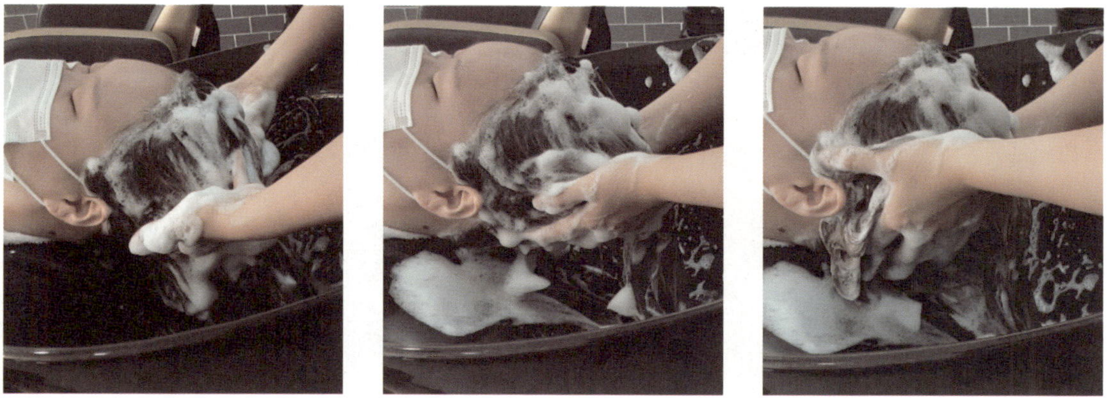

⑦ 목덜미 아래에서 위쪽 방향으로 지그재그 동작을 한다.

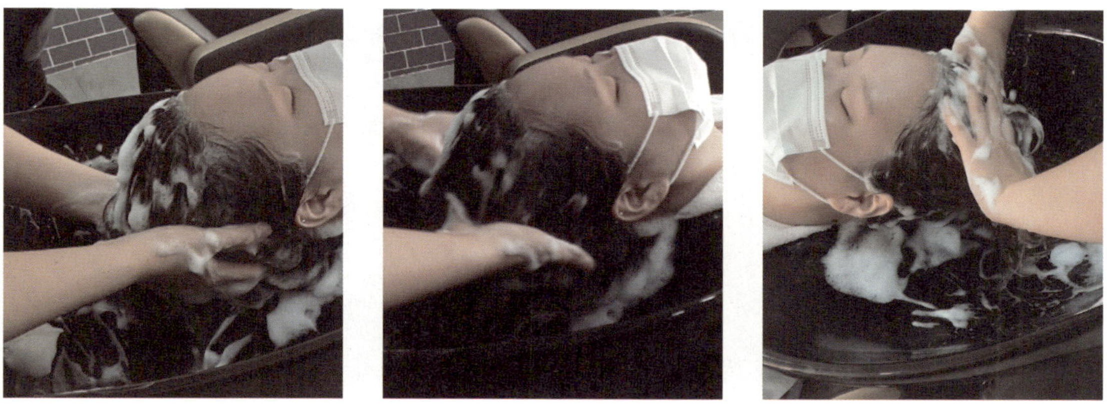

⑧ 두 손을 후두부에 감싸 롤링과 지그재그, 양손 교차하기 한다.

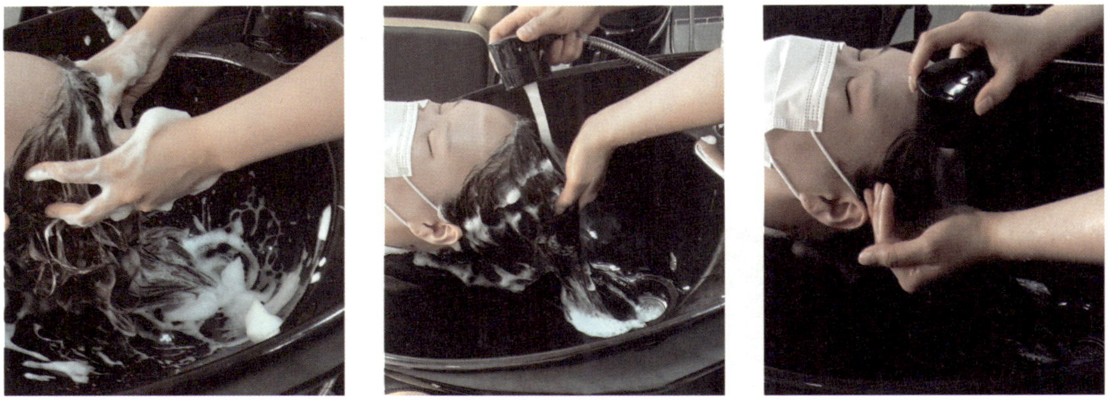

⑨ 얼굴에 샴푸 거품이 튀지 않도록 주의하여 두피전체를 지압하여 준다.

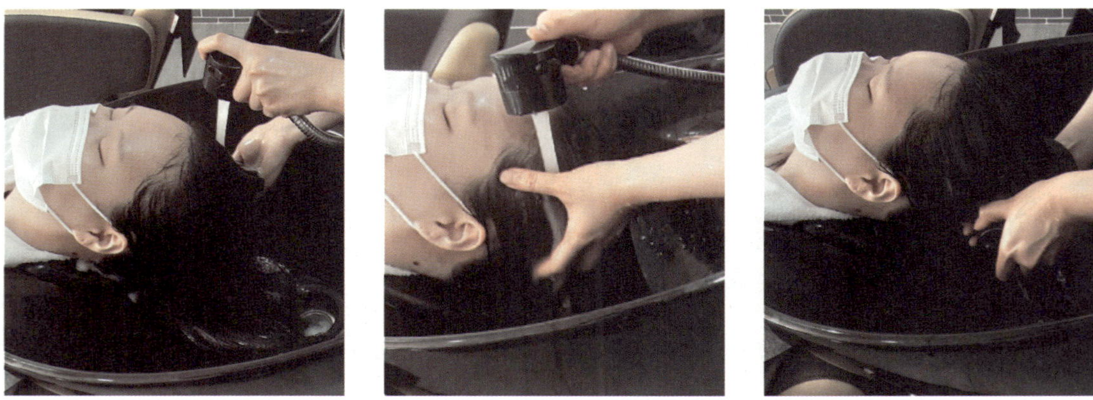

⑩ 샴푸 테크닉이 끝난 후 물로 거품을 깨끗이 헹구어준다.

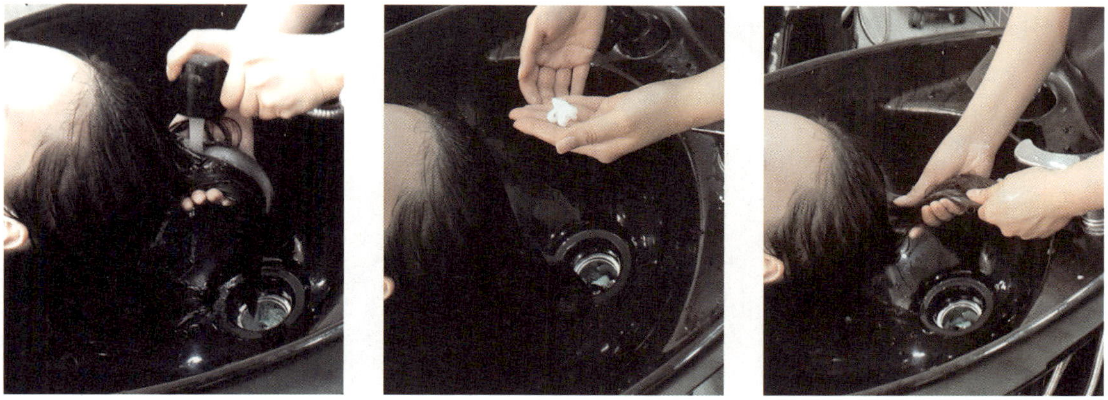

⑪ 린스 또는 트리트먼트를 모발 길이에 따라 펌핑하여 모발에 발라준다.

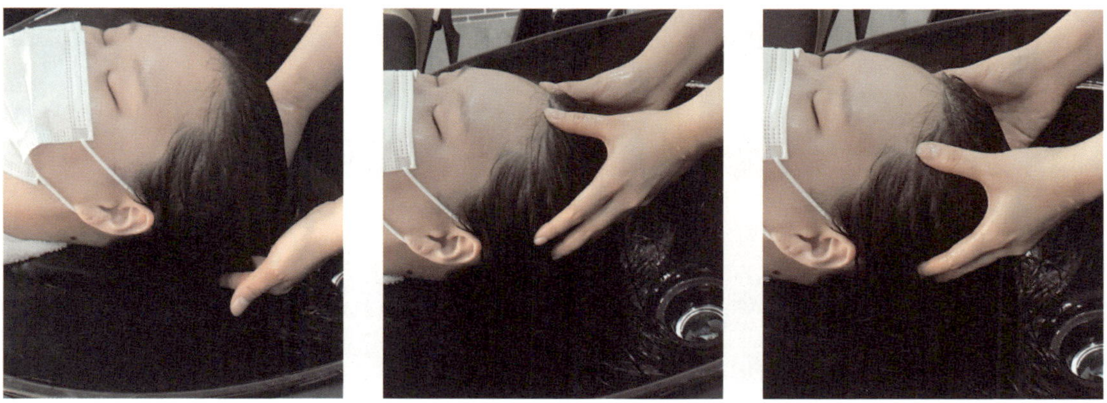

⑫ 린스 또는 트리트먼트를 모발에 도포하여 결을 정리하여 두피마사지를 해준다.

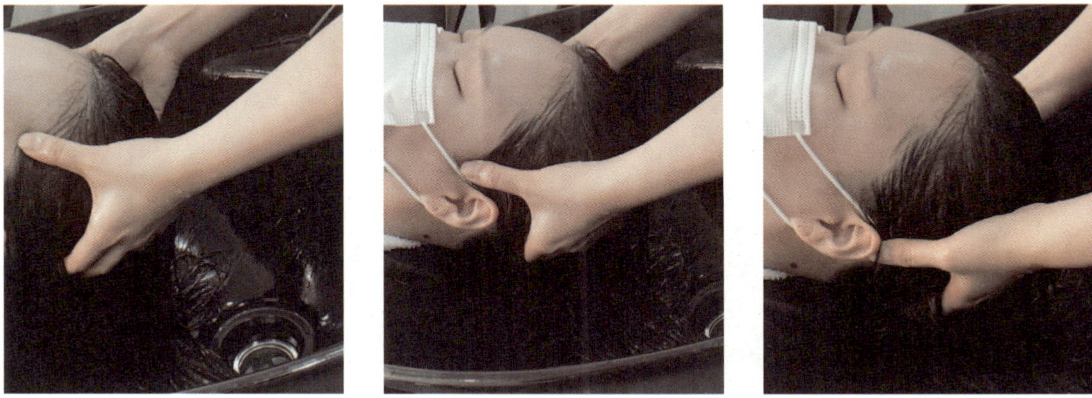

⑬ 센터, 페이스라인과 사이드, 귀 뒷부분까지 지압하여 준다.

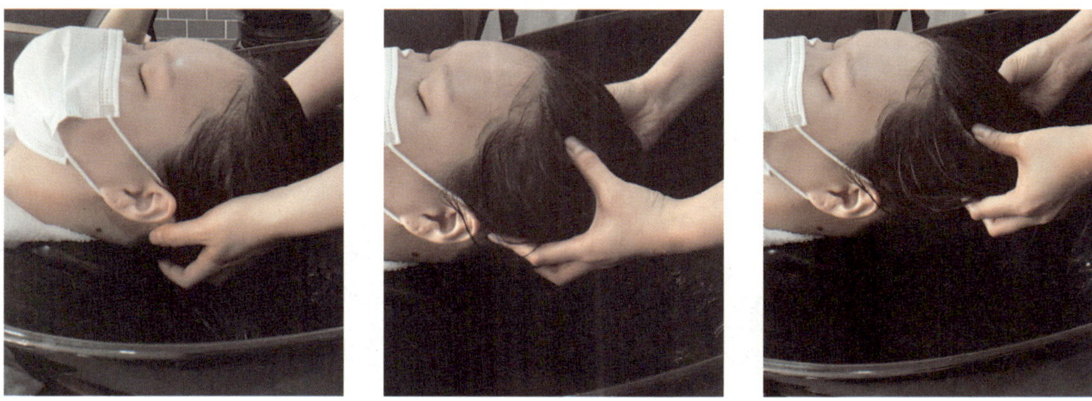

⑭ 네이프에서부터 손가락 힘을 이용하여 두상곡면을 따라 지압하며 끌어올려준다.

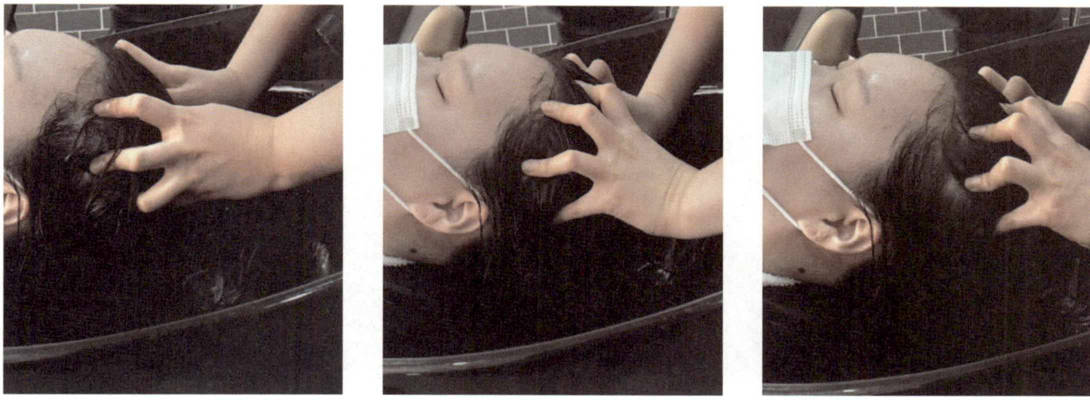

⑮ 네이프에 손가락 힘을 주어 두피를 윗부분까지 쓸어 올려준다.

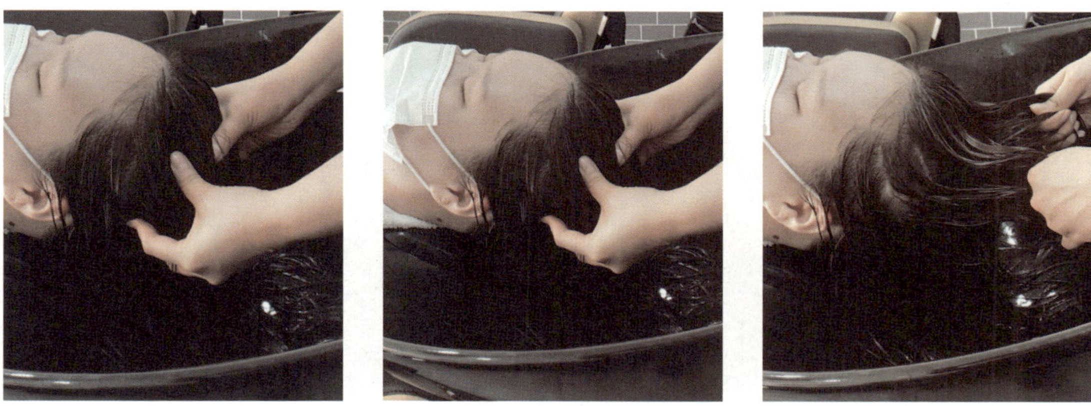

⑯ 손가락을 이용하여 두피를 잡아 튕겨 준다.

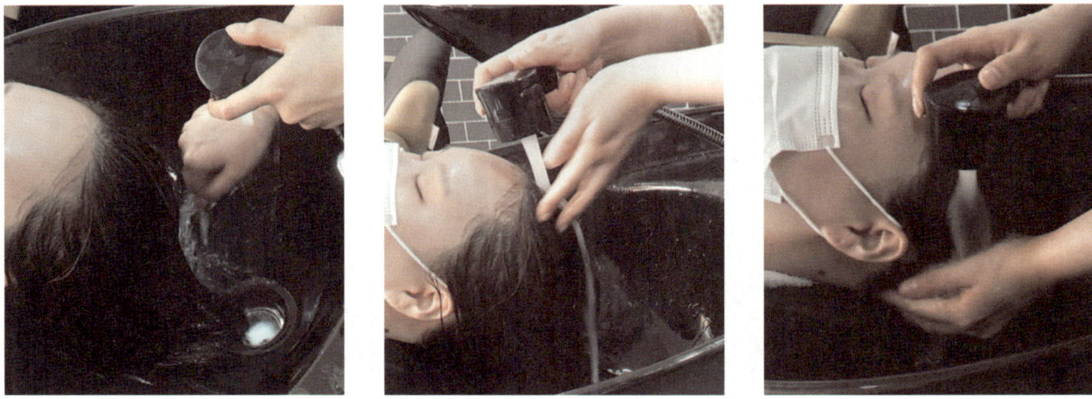

⑰ 적정온도로 린스제가 남아있지 않도록 깨끗하게 헹구어준다.

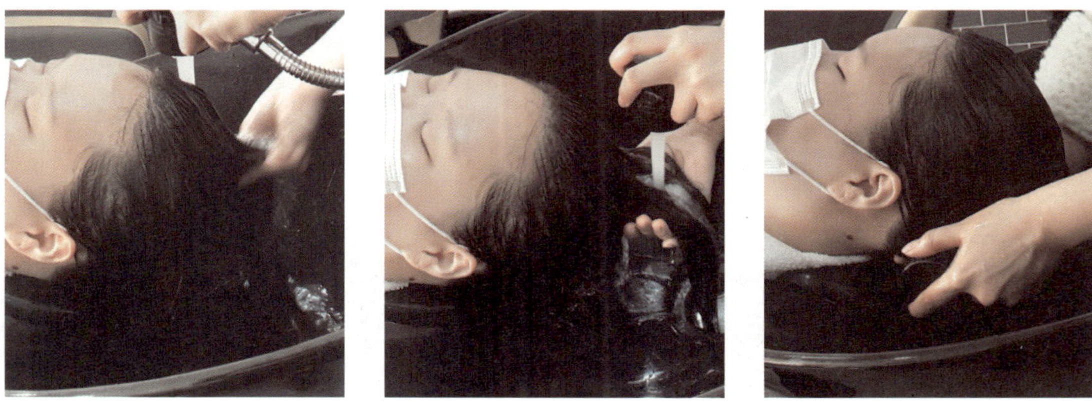

⑱ 페이스라인, 두피, 목뒤, 모발, 귀 등까지 헹구어 준다.

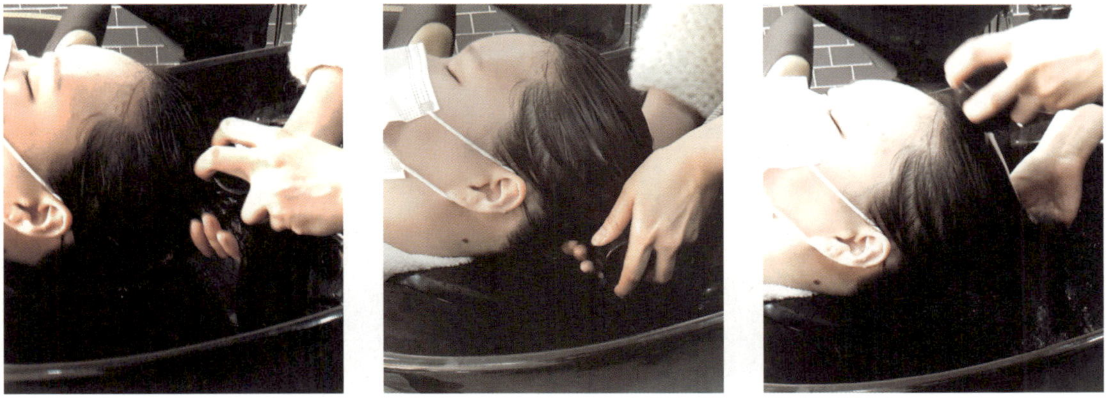

⑲ 모발에도 린스제가 남아있지 않도록 헹구어준다.

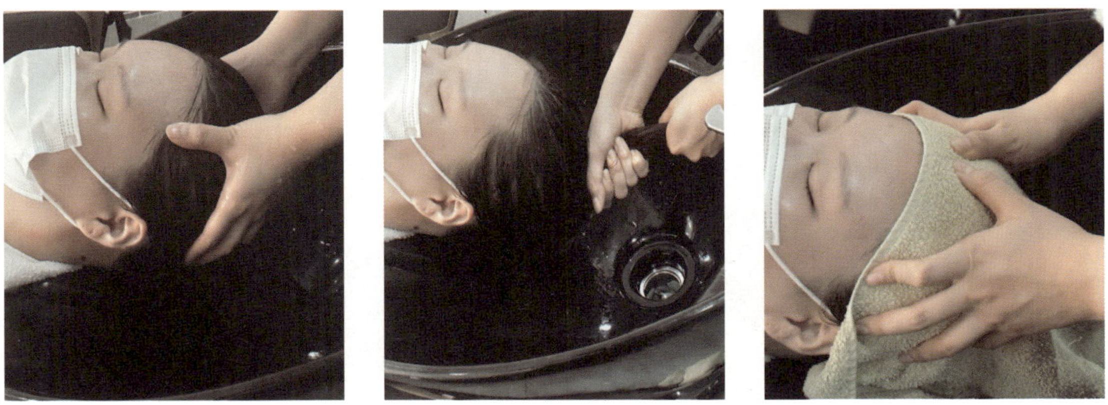

⑳ 두피와 모발에 물기를 제거한다.

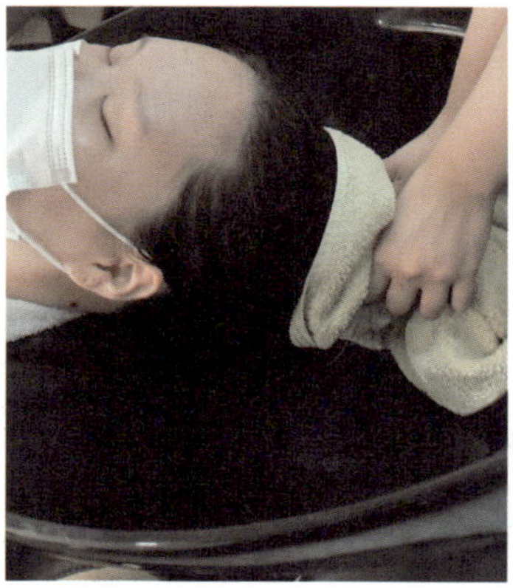
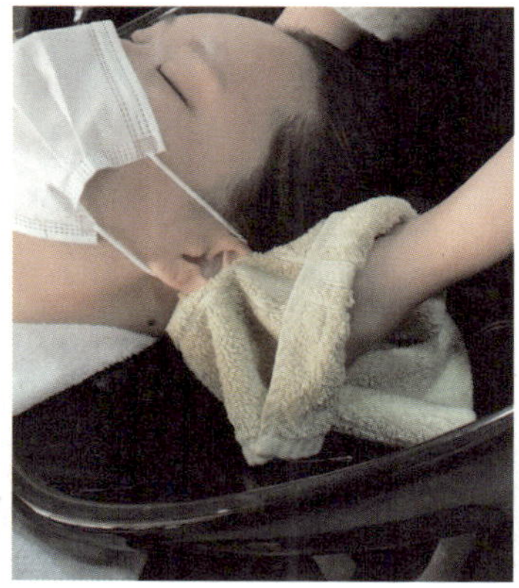
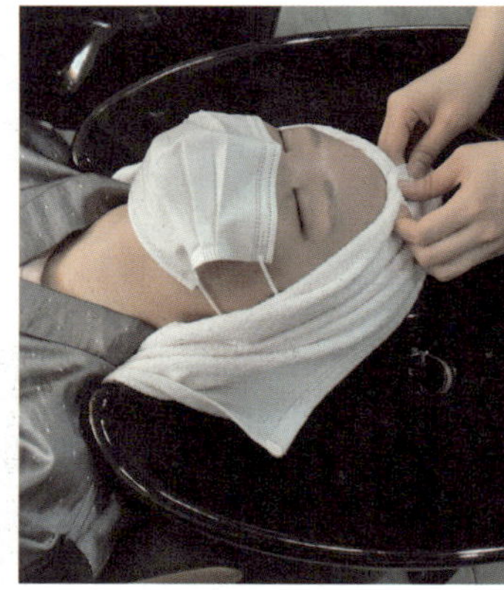

㉑ 수건으로 두피를 감싸 3초 정도 살짝 누른 후 물기를 닦는다. 귀에 묻어있는 물을 닦아 주면서 3초 정도 지압과 당겨준다.

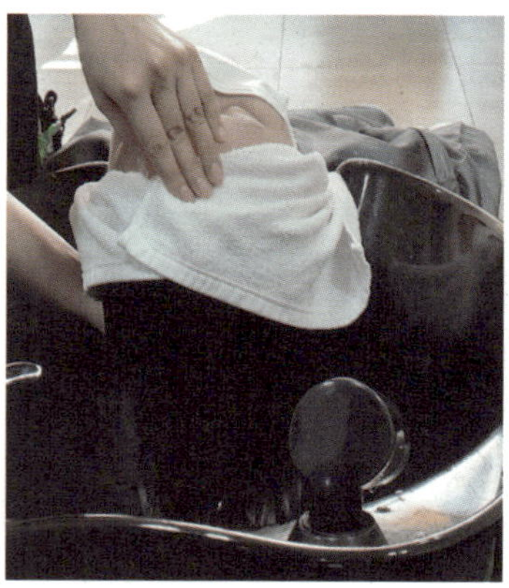
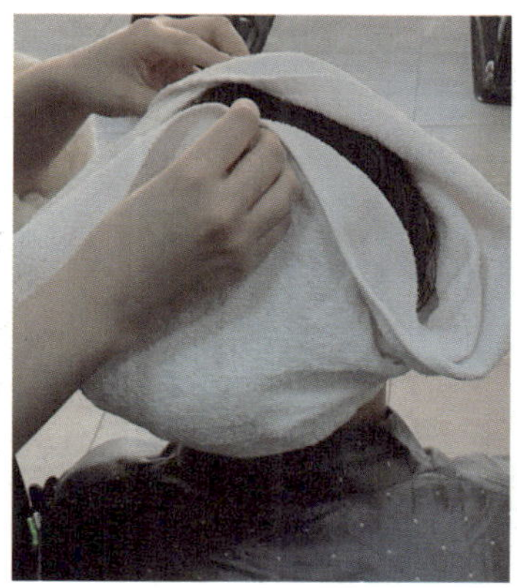

㉒ 수건으로 모발을 감싸 고객의 머리를 받쳐 일으켜준다.

(3) 특수샴푸

퍼머넌트와 헤어컬러 시술 시 사용되는 샴푸로서 새치염색은 두피의 모공 가까운 부분에 염색약이 묻혀있어 각별한 샴푸세정이 필요하다. 미지근한 물을 사용하여 모공을 확장시켜 이물질이 잘 제거될 수 있도록 환경을 만들어 준 다음 샴푸 시술하게 되는데 새치 염색은 두피에 착색이 되어 섬세한 샴푸시술로 샴푸하는 것이 중요하며 잔여물이 남아 있지 않도록 헹구어 주는 것 또한 아주 중요하다.

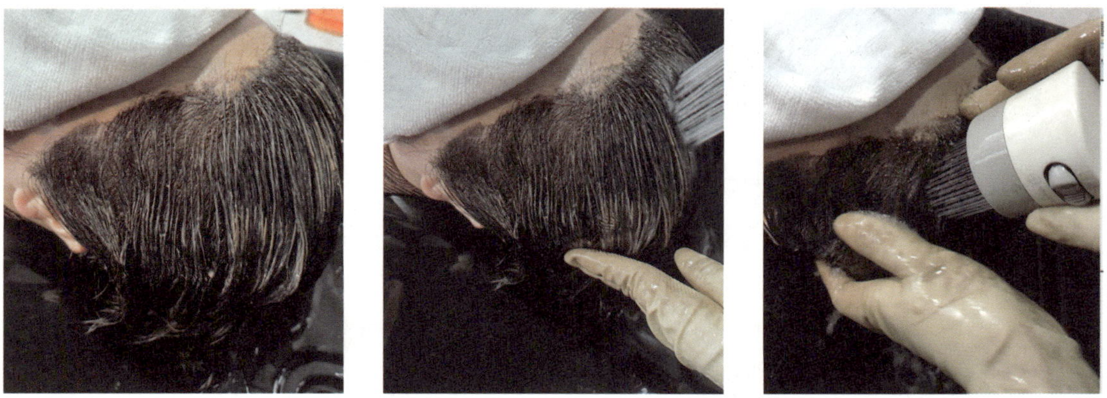

① 고객의 어깨에 수건을 두르고 샴푸대에 눕혀 물이 얼굴에 튀지 않도록 수건을 올려준다.

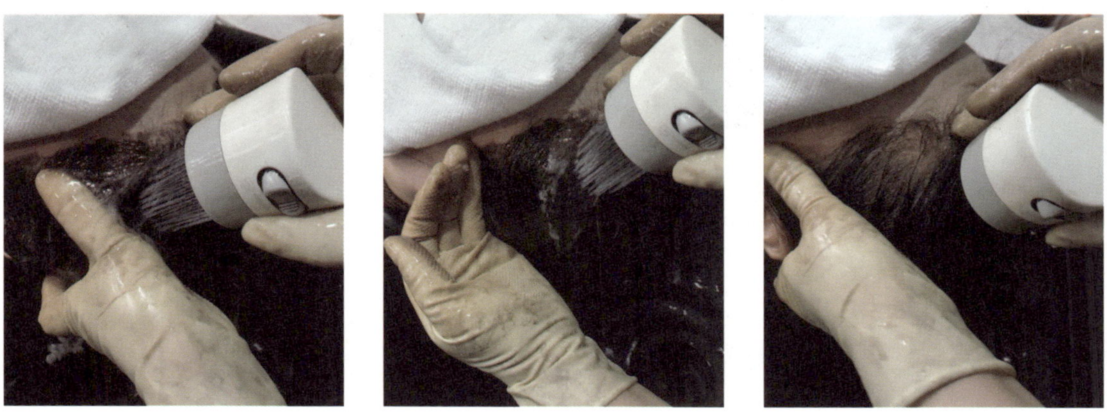

② 물의 적정온도(38~40℃)를 체크하여 두피에 가볍게 묻힌다. 귀 안에 물이 들어가지 않도록 주의한다.

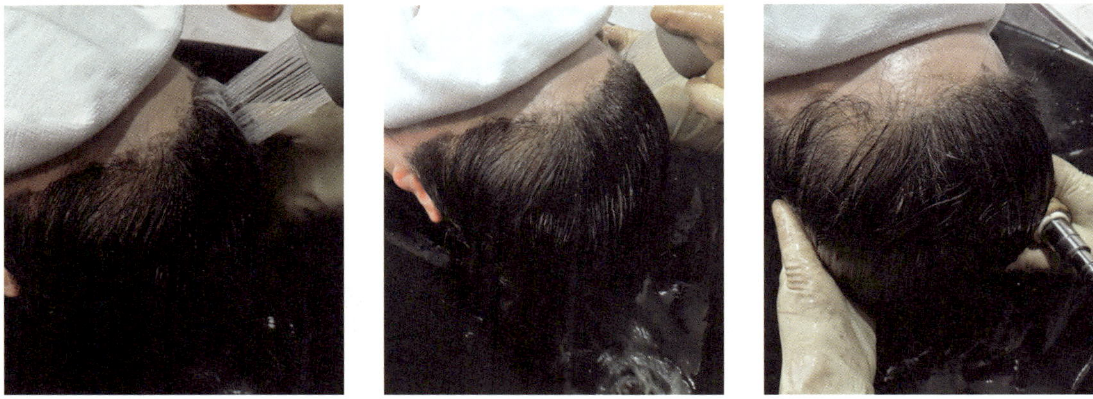

③ 물과 함께 두피에 묻은 염색약을 손가락을 이용하여 롤링하여 제거한다.

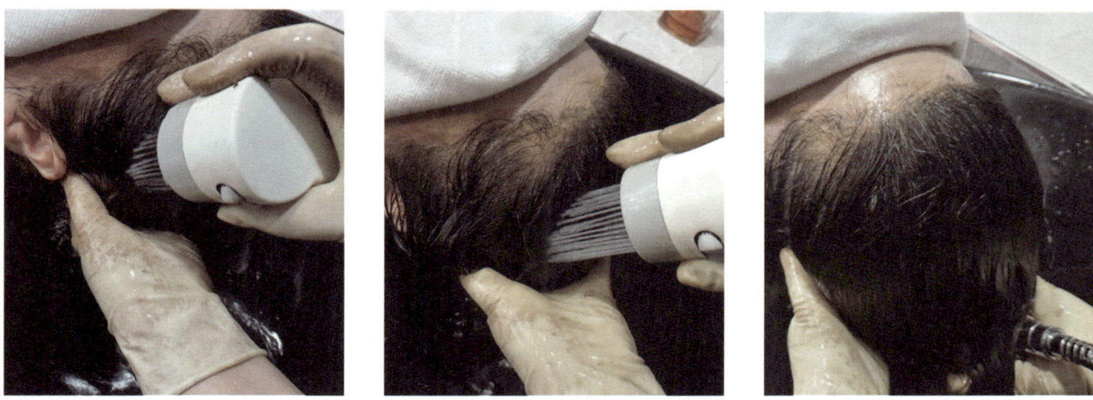

④ 정면, 측면, 후두부까지 두피를 조심스럽게 문질러 염색약을 1차 제거하여 준다.

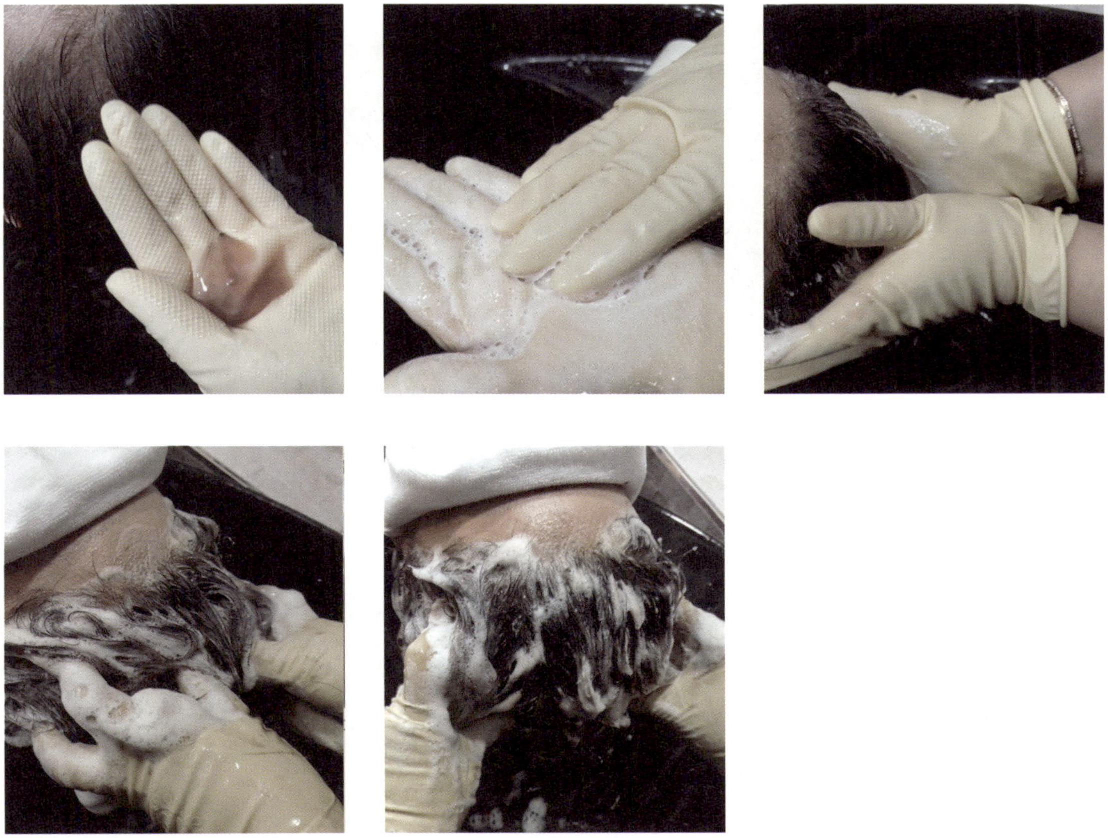

⑤ 모발 길이에 따라 샴푸를 펌핑하여 양손바닥에 거품을 만들어 모발 두피에 바른 다음 충분한 롤링으로 거품을 만들어 준다.

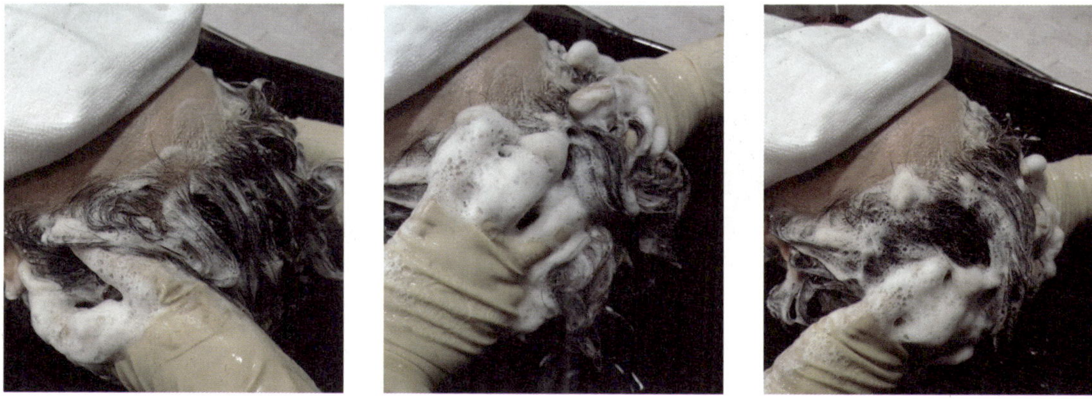

⑥ 샴푸테크닉(교차하기, 지그재그하기, 둥글리기)를 하여준다.

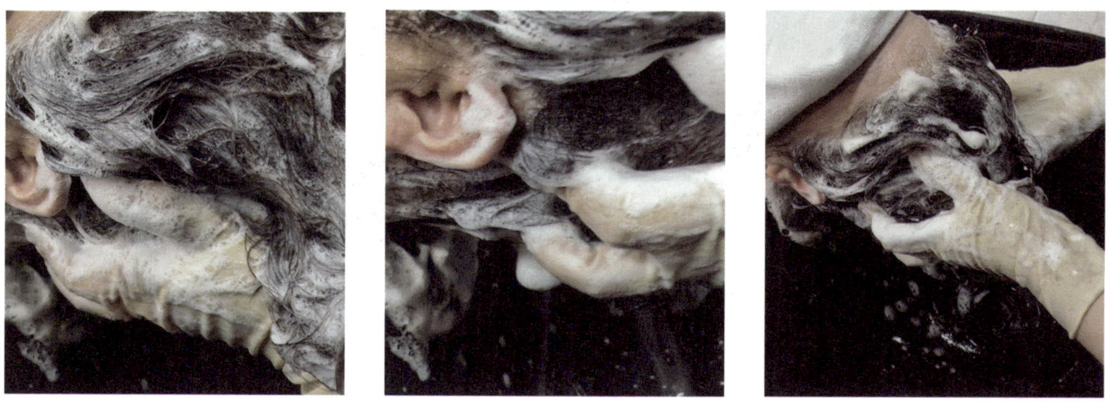

⑦ ⑥번과 같이 동일한 방법으로 샴푸테크닉 하여준다. 네이프 목선머리가 자라나는 아래선 까지 손가락을 이용하여 위아래 마사지하여 준다.

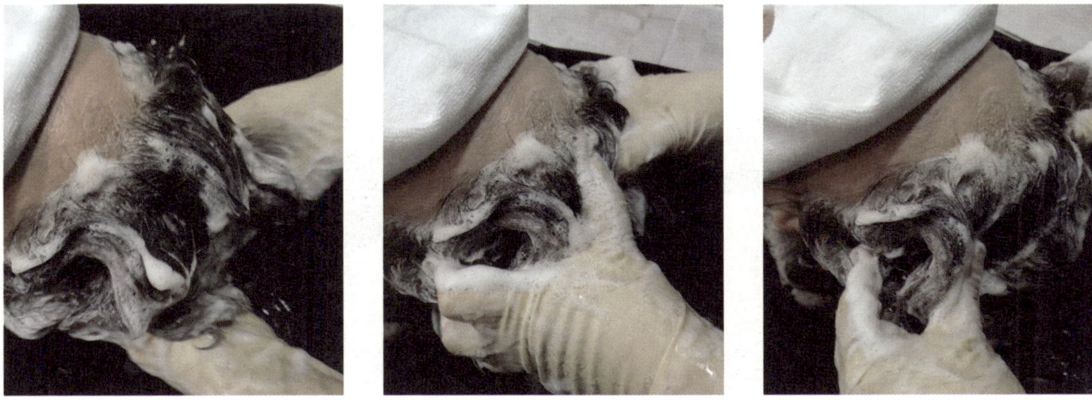

⑧ 센터, 사이드, 정수리 부분에 샴푸테크닉하여 준다.

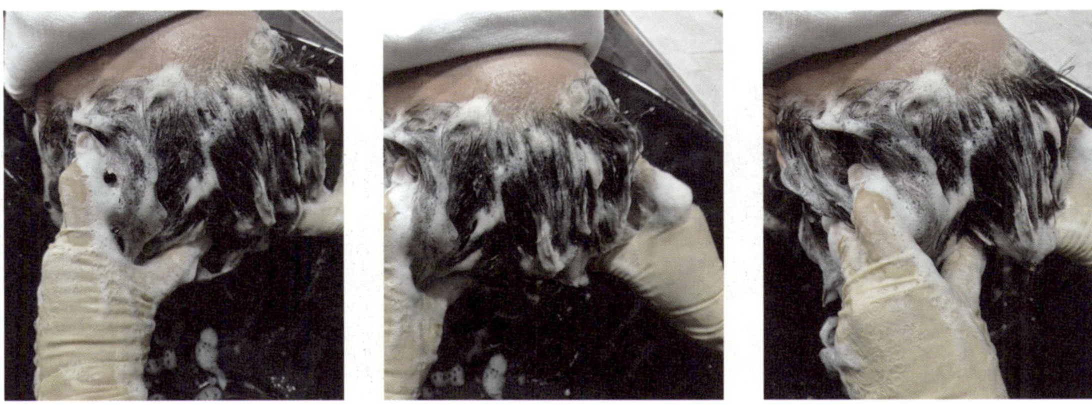

⑨ 샴푸테크닉을 양쪽 손가락을 이용하여 두피에 붙어있는 염색약이 모공에서 떨어질 수 있도록 두피와 머리끝자락까지 마사지하여 준다.

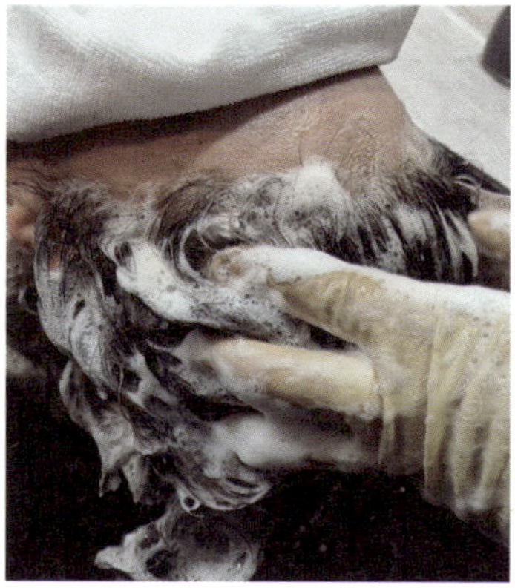 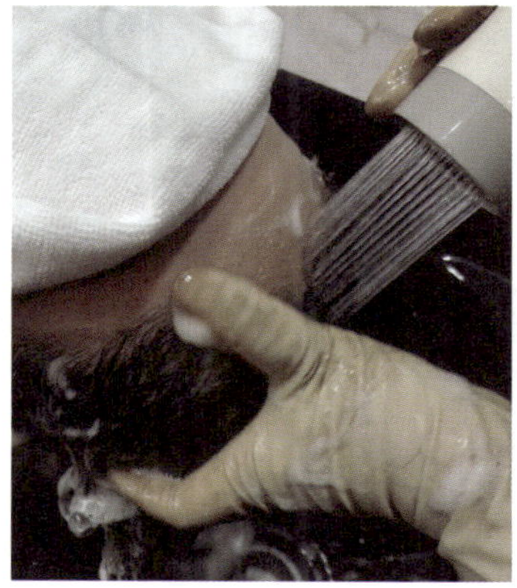 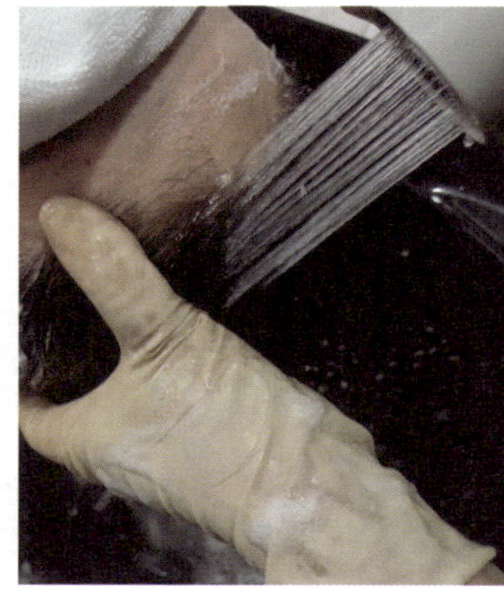

⑩ 알칼리성 염색약이 세정된 후 물로 깨끗하게 세정하여 준다.

 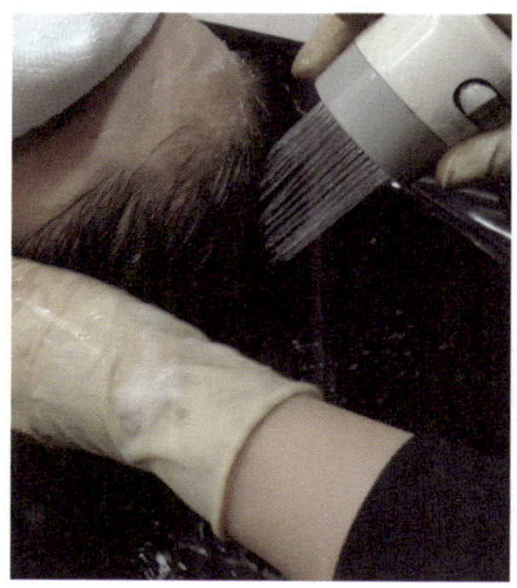 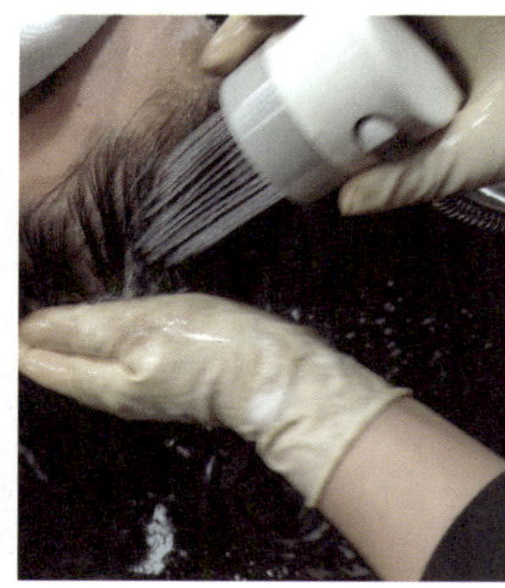

⑪ 귓속에 물이 들어가지 않도록 한 손에 물을 묻혀 귀 둘레를 깨끗하게 거품을 제거하여 준다.

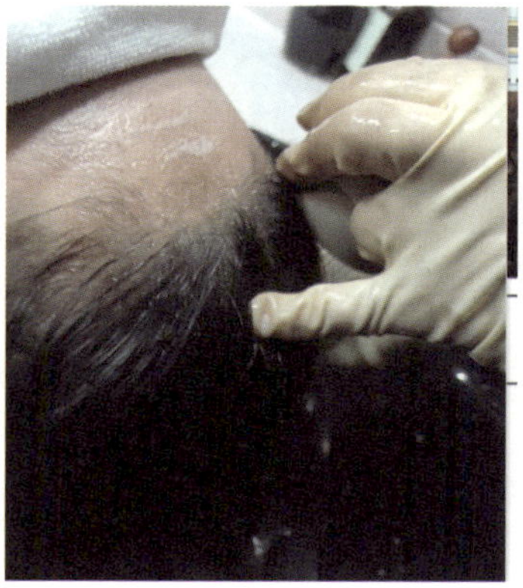 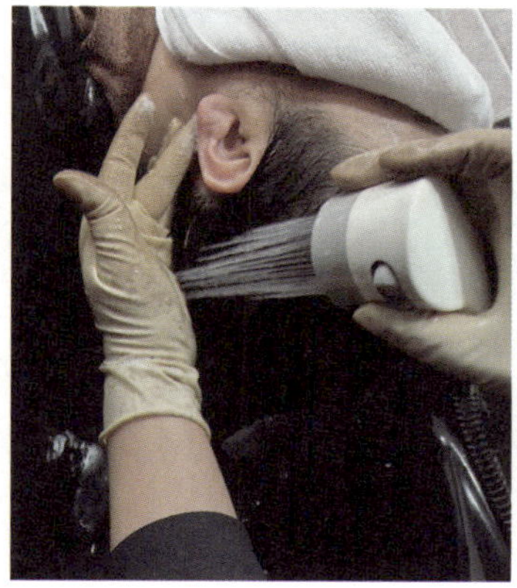 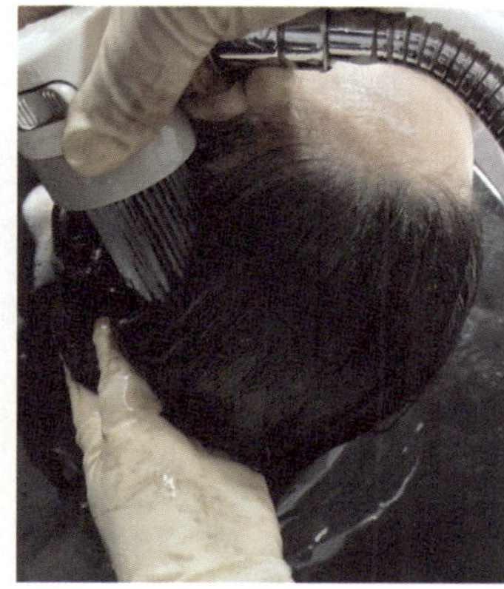

⑫ 반대편도 동일한 방법으로 하여 주며 손이 가기 힘든 목덜미 부분에도 세심하게 거품을 제거하여 준다.

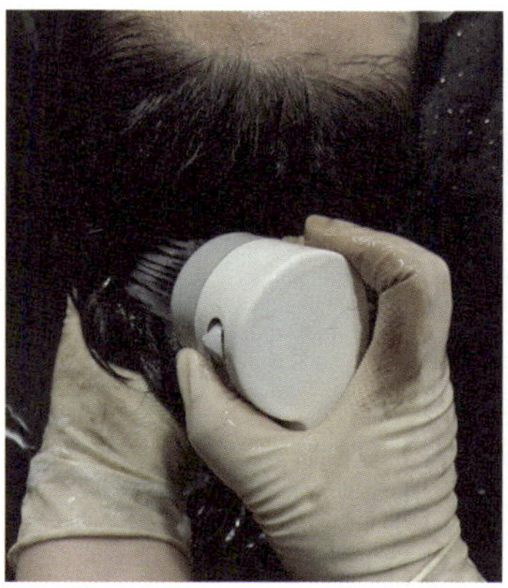 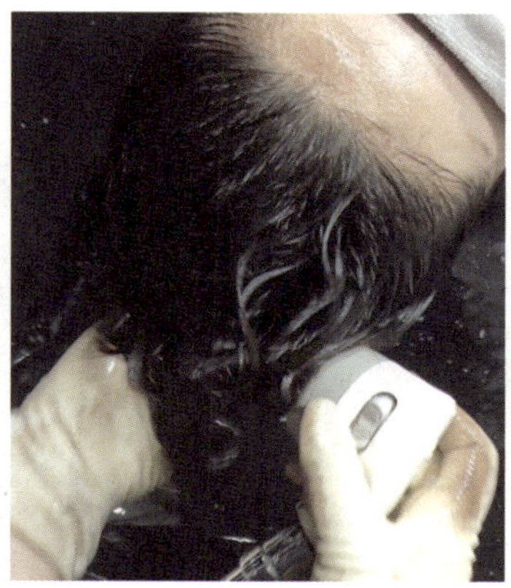 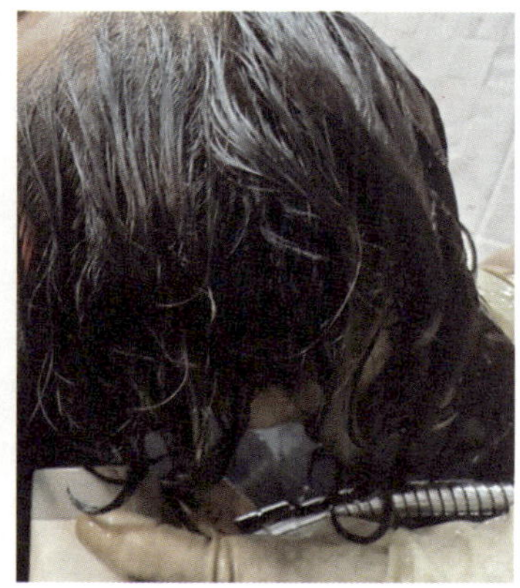

⑬ 머리카락에 염색약이 묻어나지 않을 때까지 물로 깨끗하게 세정하여 준다.

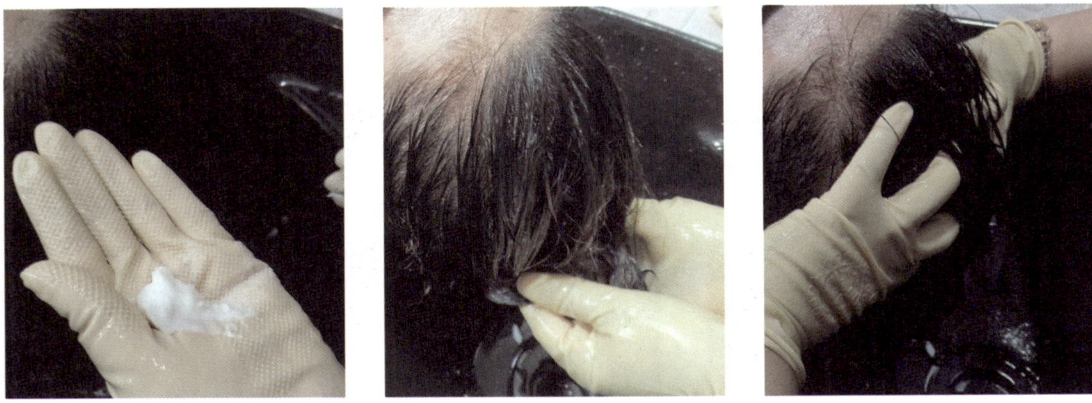

⑭ 모발길이에 따라 린스(트리트먼트)를 펌핑하여 모발부터 도포하여 준다.

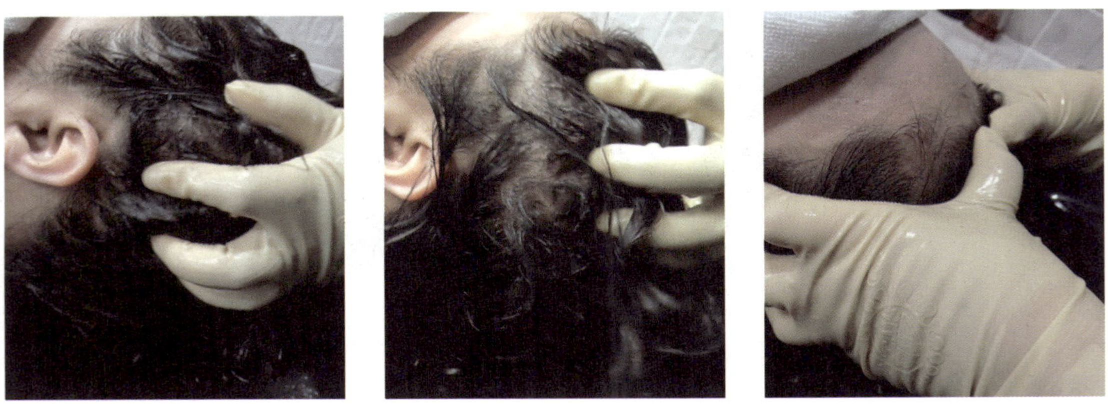

⑮ 두피마사지하여 준다(전체두피를 가볍게 문질러 준다).

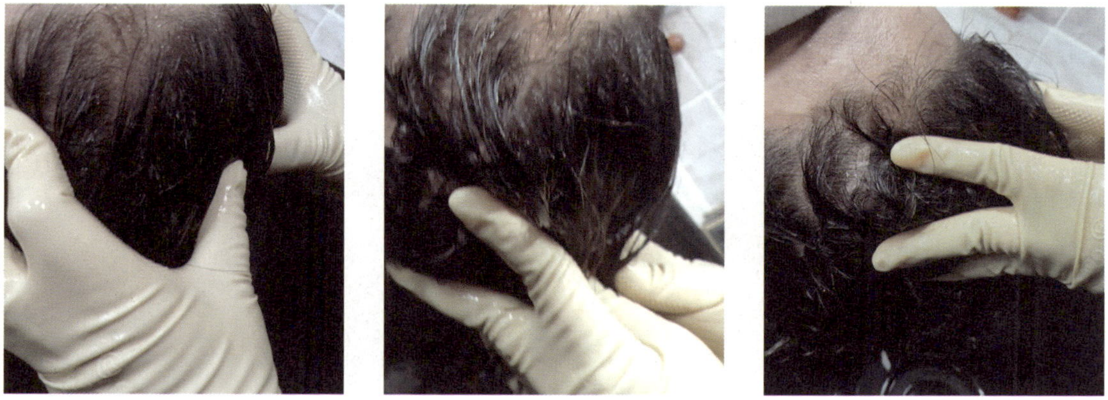

⑯ 귀 뒷부분을 손가락에 힘을 주어 아래서 위로 쓸어 올려 뭉쳤던 근육을 풀어준다.

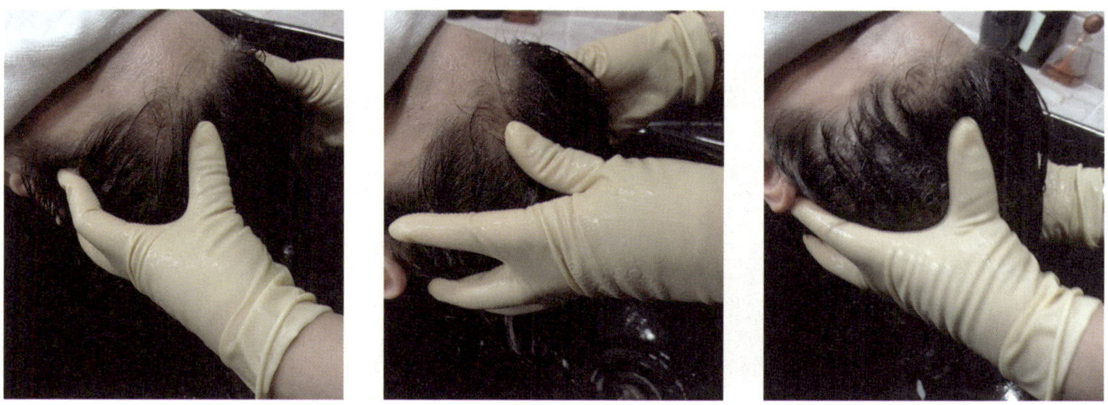

⑰ 혈점를 지압하여준다(센터, 페이스라인, 정수리, 후두부, 목덜미)를 3초 정도 멈췄다 다시 반복한다.

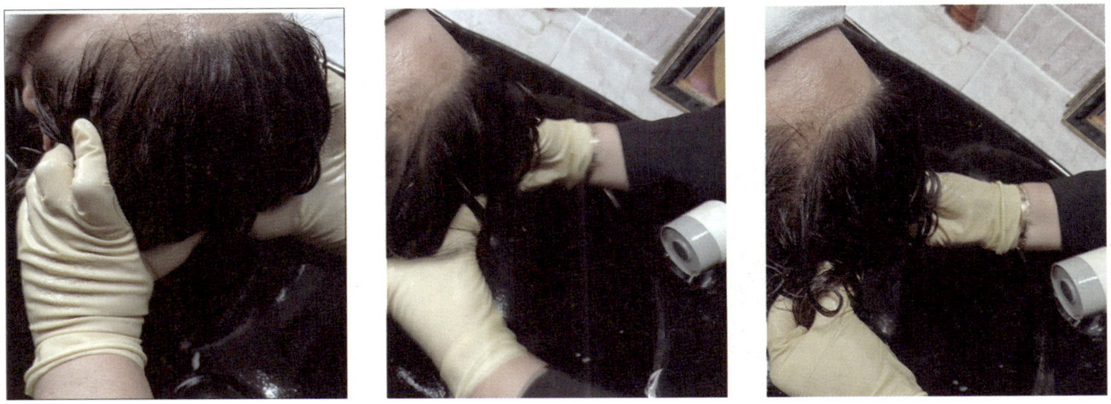

⑱ 후두부지압과 전체 두피를 아래서 위로 쓸어 올려준다.

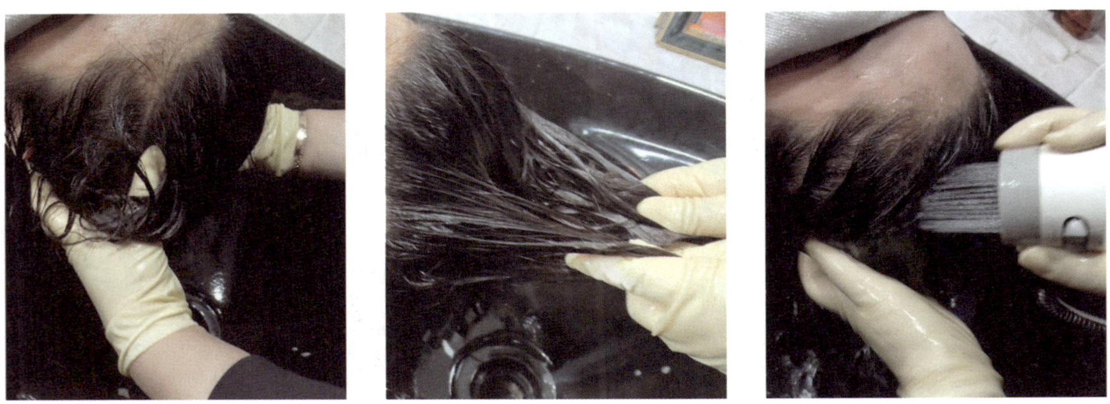

⑲ 두피를 튕겨주고 모발을 잡아당겨 혈액순환에 도움이 되도록 한다.

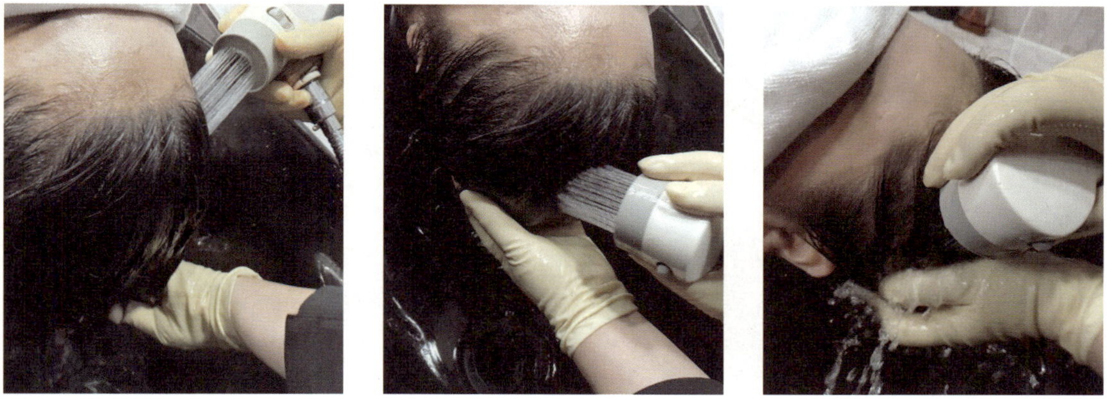

⑳ 린스(트리트먼트)가 남겨있지 않도록 두피와 모발을 깨끗하게 세정하여 준다.

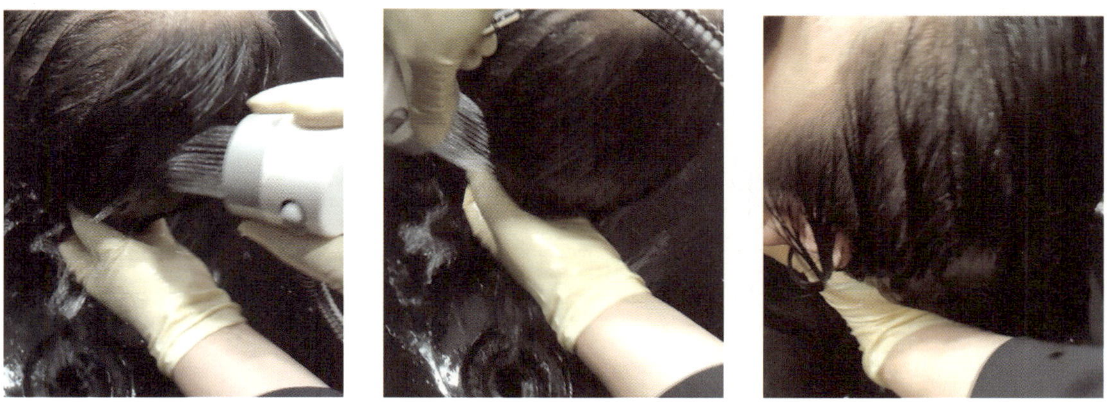

㉑ 사이드 후두부, 목덜미 부분까지 잔여물이 남겨있지 않도록 세심하게 세정하여 준다.

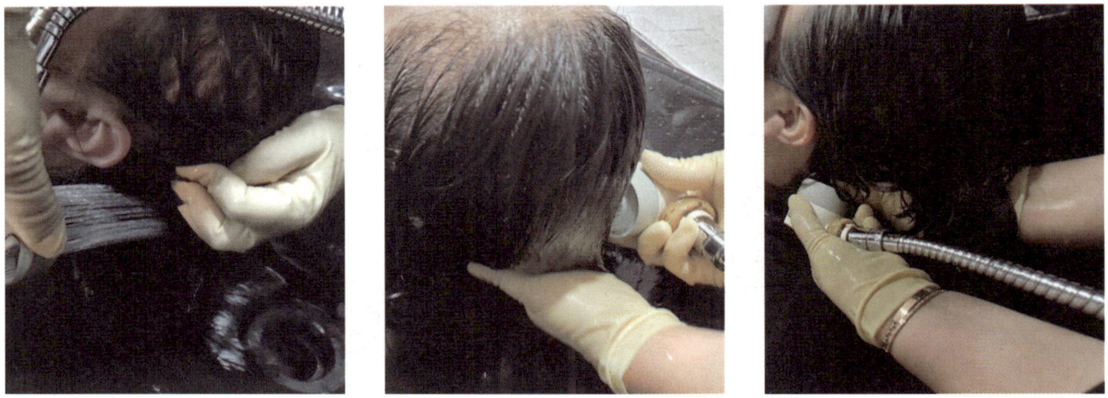

㉒ 머리카락 끝까지 꼼꼼하게 헹구어준다.

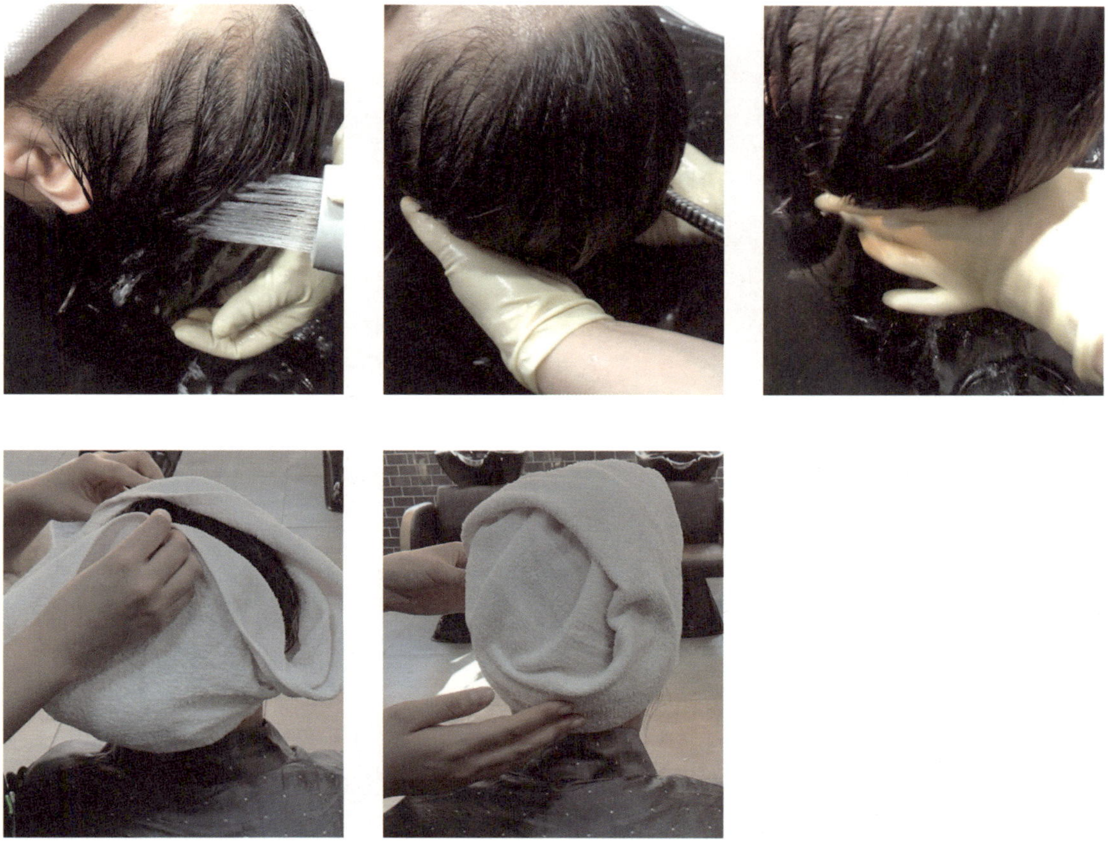

㉓ 물세정이 끝난 후 모발의 물기를 손으로 제거하여 수건으로 감싸준다.

H A I R
SHAMPOO
DRY & HAIR
SETTING
I R O N

블로 드라이

Chapter

04

1) 두부의 포인트 명칭

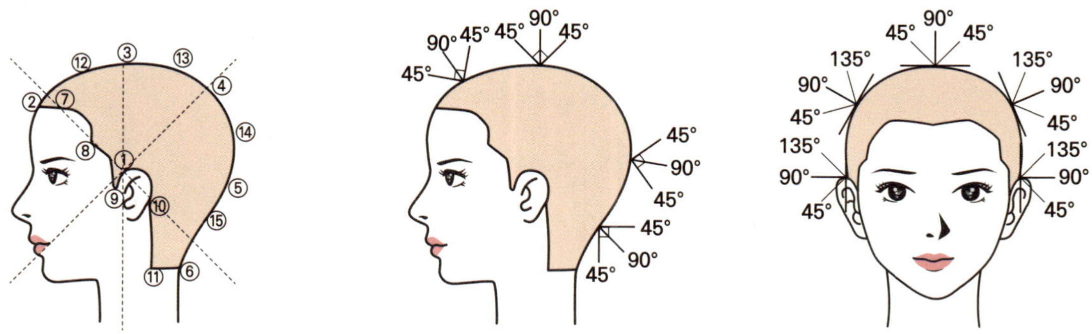

번호	약어	명칭	위치
①	E.P.	Ear Point	두상의 귀 중앙부분
②	C.P.	Center Point	코선을 중심으로 가장 가운데 위치
③	T.P.	Top Point	두상의 가장 높은 윗머리부분
④	G.P.	Golden Point	턱부터 귀위를 지나는 연장선상과 정중앙선이 만나는점
⑤	B.P.	Back Point	이어포인트에서 수평으로 이어지는 두상 뒤
⑥	N.P.	Nape Point	두상의 뒷머리 아랫부분
⑦	F.S.P.	Front Side Point	두상의 관자놀이 부분
⑧	S.P.	Side Point	귀앞쪽에서 머리카락이 나 있는 가장 아래지점
⑨	S.C.P.	Side Corner Point	구렛나루 윗부분의 튀어나온 부분
⑩	E.B.P.	Ear Back Point	두상의 귀 뒷부분
⑪	N.S.P.	Nape Side Point	두상의 뒷머리 아래의 좌.우 옆부분
⑫	C.T.M.P.	Center Top Medium Point	센터포인트와 탑포인트 사이의 중간지점
⑬	T.G.M.P.	Top Golden Medium Point	탑포인트와 골덴포인트 사이의 중간지점
⑭	G.B.M.P.	Golden Back Medium Point	두정점과 머리꼭지점의 중간지점
⑮	B.N.M.P.	Back Nape medium Point	뒷지점과 목중심점의 중간지점

2) 블로 드라이 정의

두발에 적당한 수분이 있는 상태에서 드라이어의 바람과 열을 적정하게 이용하여 커트, 펌, 샴푸세정 후 부족한 부분을 채워주는 모발을 펴거나 컬 웨이브의 일시적인 형식으로 자연스런 운 최상의 헤어스타일을 구사할 수 있다. 드라이어 시술 시 뜨거운 열의 바람이 두피에 가하지 않도록 주의하여야 하며 젖은 머리카락을 빠른 시간에 건조시킬 수 있는 장점과 모발에 윤기와 광택을 부여하여 볼륨과 방향을 원하는 대로 연출할 수 있다.

모발은 케라틴 단백질로 만들어져 있어 젖은 모발에 드라이어의 열을 계속 가한다면 두피모발에 수분이 건조하게 되면서 보습기능을 담당하는 아미노산이 두피 바깥으로 흘러나와 두피모발에 방어 기능이 떨어지며 단백질이 변성하여 머리카락 표면이 수분건조와 함께 손상된다.

드라이어로 젖은 모발 건조 시 수분건조를 줄이기 위한 방법으로 헤어에센스 등 손상보호제를 사용하여 모발의 손상을 최소화한다.

3) 블로 드라이 역사

1960년대 중반부부터 사용된 것으로 블로 드라이(blow dry)와 1970년대 프랑스에서 처음사용된 CIC 바르셀로나 미용대회에서 영국의 비달사순(Vidal Sasson)이 'Cut & Blow dry'라는 이름으로 젊은 여성층들에게 폭발적인 인기를 얻어 확산되었다. 우리나라에서도 1970~1980년대까지 정착되어 현재까지 사용되고 있다.

4) 블로 드라이 원리

- 젖은 두발 내부의 축쇄결합이 드라이어를 통하여 수소결합을 절단시켜 빗에 의한 구조물로 디자인 형태가 완성되면서 다시 수소결합이 결합하는 원리로 머리를 펴주는 스트레이트나 말기도하는 웨이브 형태의 일시적인 드라이어 원리로 다시 물과 결합하게 되면 원래의 상태로 되돌아간다.
- 수소원자(H)가 서로 이웃하는 음성원자(불소, 산소, 질소, 브롬) 등의 사이에 있을 때 일어나는 정전기적인 약한 결합이다.
- 빠른 시간에 모발을 건조시켜 헤어스타일을 완성할 수 있다.

5) 블로 드라이 종류

(1) 핑거 드라이(Finger dry)

브러시를 사용하지 않고 손가락을 이용하여 모발흐름을 연출시켜 자연스러움 표현

(2) 램프 드라이(Lamp dry)

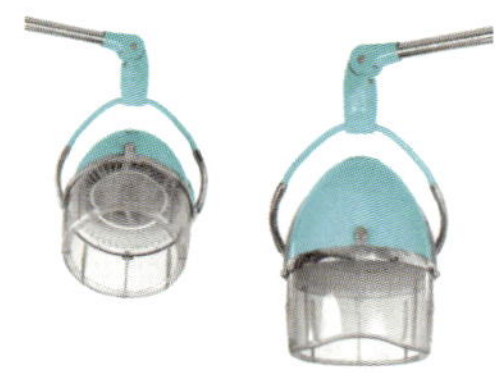

적외선램프의 열을 이용하여 모발건조와 윤기로 새로운 이미지 모양을 만드는 변화

(3) 콤브 드라이(Comb dry)

노즐부분에 빗살과 콤브 브러시 연결사용

(4) 블로 드라이(Blow dry)

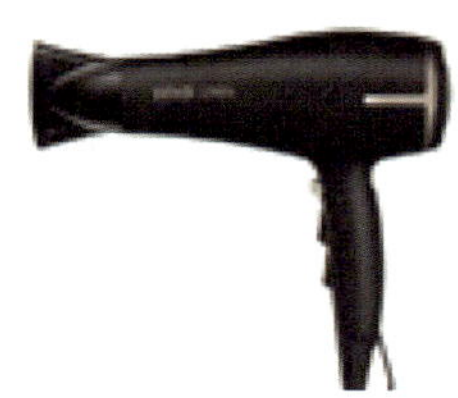

더운 바람 강약조절과 찬바람 조절 가능

(5) 디퓨저(Diffuser)

원통노즐에 조그만 구멍을 내어 바람이 일시에 나오는 것을 막고 자연스러운 바람이 나와 헤어스타일링 구성

6) 블로 드라이 중요 요소

(1) 습도 (humidity)

일반적으로 모발에 가지고 있는 수분은 10~15% 내외로 샴푸를 하고 난 후에도 30%이며 드라이어를 사용한 후에도 자체수분이 10~15% 함유하고 있어야 한다.
드라이어 사용 시 모발의 수분을 어느 정도 있어야 원하는 형태의 디자인 완성이 이루어진다. 수분이 없는 상태에서 드라이할 경우 모발의 표피가 건조해지면서 윤기도 잃고 푸석하여 모발자체를 손상시킬 수 있다.

표 4-1 모발에 따른 습도

구분 / 종류	모간	모근	모선
염색모발/극손상모	35%	10%	50%
S컬 웨이브/손상모	25%	10%	40%
스트레이트모발/정상모발	15%	5%	30%

(2) 각도(angle)

사람의 두상이 둥근 곡선의 형태를 띠고 있으므로 두상의 위치에 따라 볼륨의 차이가 달라질수 있으므로 각도의 개념은 중요하다고 볼 수 있다.

표 4-2 두상각도

탑(135°)	**백**(90°)	**네이프**(45°)

(3) 온도(temperature)

드라이어 시술온도는 60~90℃ 정도가 적정하며 드라이어의 열이 지나칠 경우 모발 수분의 증발과 머리카락결이 푸석하여 깔끔한 스타일 완성이 어렵다.

(4) 텐션(tension)

브러시 사용 시 모발을 팽창하게 당겨서 시술하여야 하며 느슨할 경우 모발의 윤기와 원하는 디자인 형태의 실패 가능성이 높다.

(5) 속도(speed)

열을 전달하고자 필요한부분에 일정하게 천천히 열을 주어 진행하며 빠르고 느리게 속도를 조절하여 진행한다.

(6) 블로 드라이 시 주의점

① 드라이어 뜨거운 바람이 얼굴, 목, 두피에 직접적인 열이 닿지 않아야 한다.
② 드라이의 안정성과 편리성을 고려한다.
③ 드라이어 줄이 고객에게 직접적인 영향에 불편을 주지 않아야 한다.
④ 필터에 쌓인 먼지나 이물질 주기적으로 제거한다
⑤ 고객과의 25~30cm 거리 유지와 심장높이와 평행하게 유지한다.

(7) 블로 드라이 준비단계

고객의 스타일을 고려하여 두상의 모양, 길이, 모질, 모량 등에 따라 진단하여 원하는 스타일을 완성한다.

① 케이프 착용 : 고객 어깨에 착용하여 뜨거운 열바람이 직접적으로 닿지 않게 하고 이물질이 떨어지는 것을 방지한다.

② 두발에 물을 분무한다 : 머리카락에 적당한 수분을 분무하여 적당한 수분공급이 스타일 완성에 도움이 된다.

③ 블로킹을 나눈다 : 블로킹과 피팅을 나누어 원하는 스타일을 디자인한다.

④ 브러시 선택 : 모질과 모량을 진단하여 브러시 선정한다.

⑤ 블로 드라이 : 모발 흐름을 분석하여 바로잡아 적당한 열을 전달하여 디자인 완성한다.

⑥ 시술자세 : 한쪽 발을 앞으로 적당히 내밀어 균형을 유지하면서 어깨 넓이만큼 양발을 벌린다. 시술자는 고객의 두상이 가슴선 만큼 위치로 간경은 30cm 정도의 여유를 두면 시술하는데 무리가 없다.

7) 실기편 - 블로 드라이

(1) 블로 드라이 스트레이트

① 전체 블로킹을 4등분에서 5등분 한다.

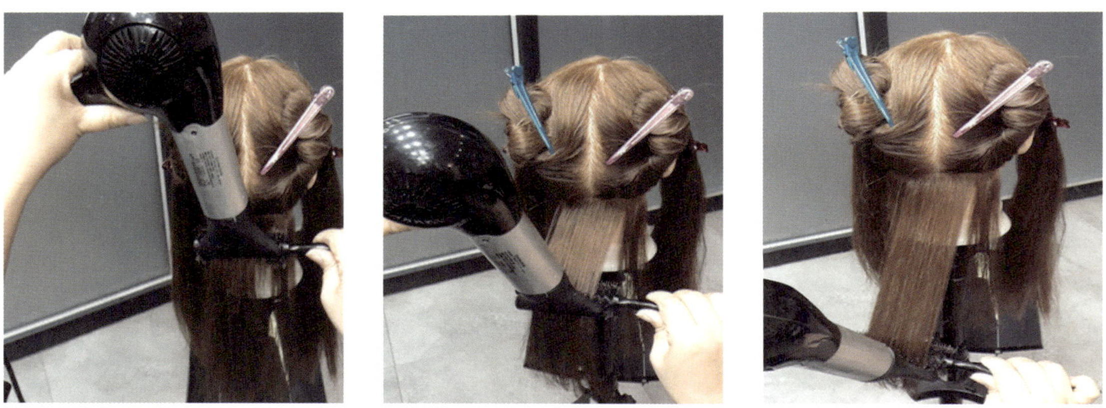

② 네이프 중앙부분부터 브러시 너비만큼 섹션을 나누어 드라이한다.

③ 움푹 들어간 네이프 부분은 각도를 들어 모근부터 모선, 끝선까지 드라이한다.

④ 정중앙, 양쪽 사이드를 나누어 드라이한다. 모발 끝자리까지 열을 전달하여야 모발이 곱게 펴진다.

⑤ 블로킹 나누었던 부분에 자국이 생겼다면 물을 분무하여 빗질한 후 섹션을 뜬다.

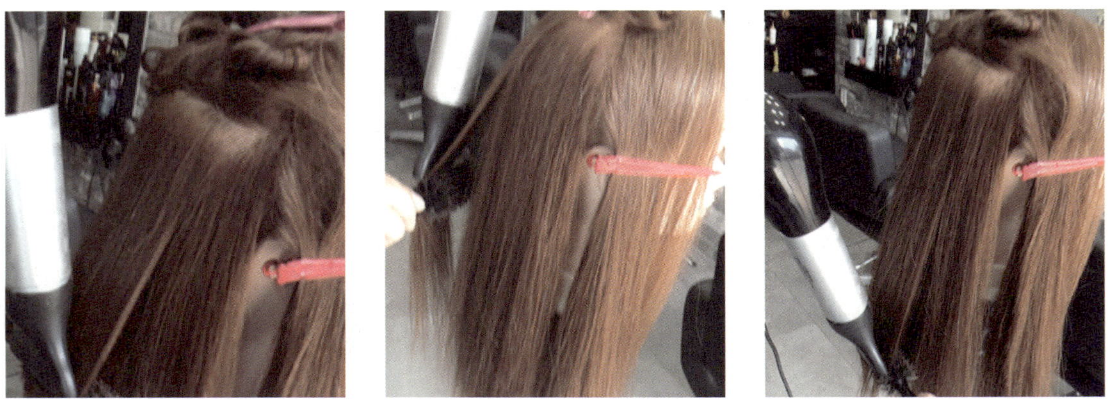

⑥ 백센터, 좌우측 순으로 모발에 열을 전달하여 결이 곱게 펴준다.

⑦ 골덴포인트 쪽으로 올라갈수록 각도를 내려 스트레이트 드라이한다.

⑧ 사이드 모류를 수정하기 위하여 물 분무를 한 후 빗질하여 모발을 반대편으로 열을 전달할 수 있도록 드라이한다.

⑨ 모근, 모선, 끝 선까지 드라이 열을 전달하여 모발이 곱게 펴지도록 한다.

⑩ 두피에 볼륨이 생기도록 각도를 들어 천천히 드라이한다. 모발 중간 부분부터 끝선까지 각도를 다시 내려 스트레이트가 되도록 드라이한다.

⑪ 곱슬모발이 휘어져 있는 모발에 살포시 물을 분무하여 오류를 수정한다.

⑫ 텐션을 유지하면서 열이 전달되어 모발 판넬이 곱게 펴지도록 2~3번 반복하여 디자인한다.

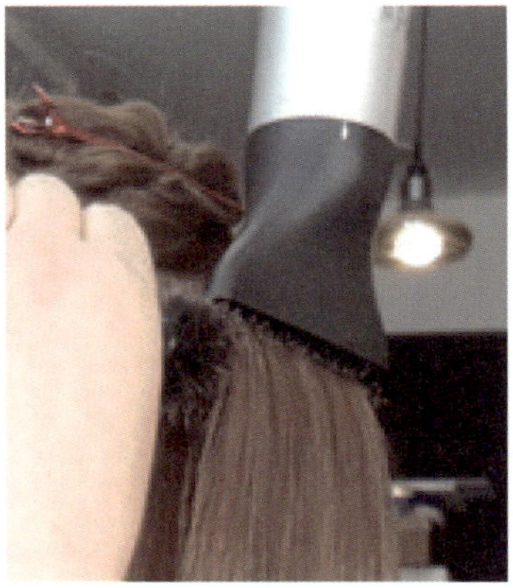

⑬ 두피에 열바람이 전달되지 않도록 주의하여 2~3번 반복하여 모발이 깨끗하게 펴지도록 한다.

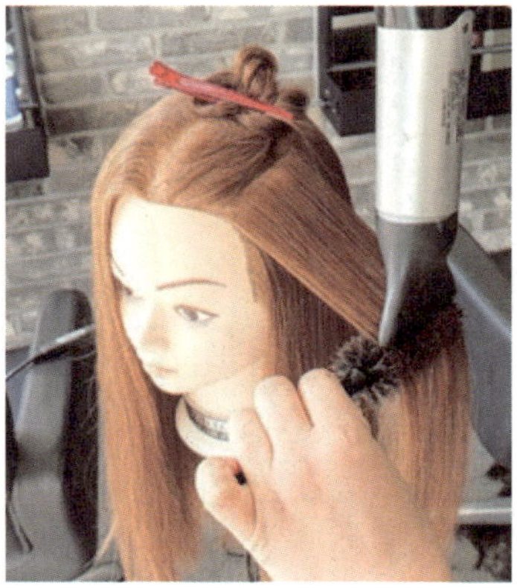

⑭ 적당한 각도로 텐션을 주어 모발 끝자락까지 드라이를 한다. 모발 끝자리에 반복하여 열을 서서히 주어 깔끔한 끝선의 결을 정리한다.

⑮ 모선에 볼륨을 주다가 모발 중간 부분부터 각도를 다운시켜 드라이한다.

⑯ 푸석한 머리카락은 물분무를 하여 적당한 열이 전달되어야 모발이 깔끔해진다.

⑰ 완성 작품(정면, 측면, 후면)

(2) 블로 드라이(안말음) 인컬

① 4등분 블로킹을 나눈 다음 네이프 밑단부터 안말음 시작한다.

② 네이프 부분의 고개를 약간 숙이고 시술한다. 폭은 2cm 또는 롤브러시 너비만큼 섹션을 나눈다.

③ 반원형을 그리듯 롤브러시를 회전시켜 드라이 열을 준다.

④ 모근, 모선, 모발 끝 선까지 열을 적당히 전달하여 안말음의 형태가 나오도록 한다.

⑤ 백포인트 부분에 시술할 때 튀어나온 두상에 드라이어 바람이 가하지 않도록 주의한다.

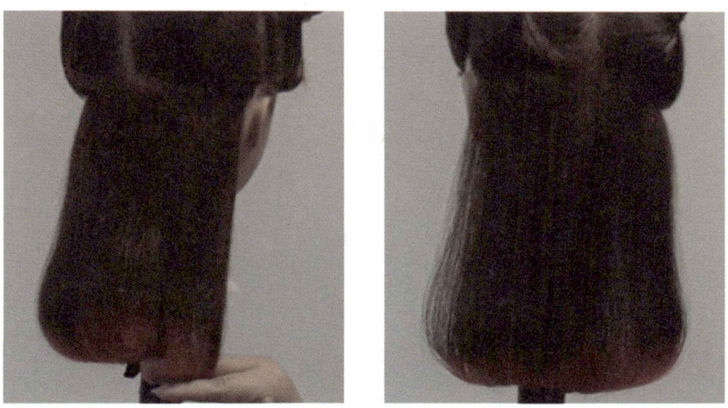

⑥ 백포인트 안말음 완성 단계

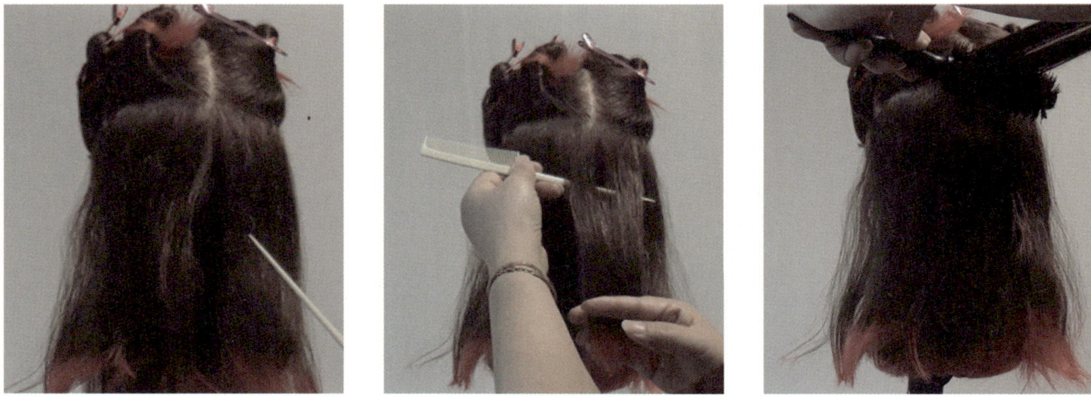

⑦ 핀셋을 고정하다 보면 모발에 자국이 생기거나 갈라진 공간을 커버하기 위하여 물을 약간 분무 하여 섹션을 나눈다.

⑧ 두피에 열바람이 가지 않도록 주의하여 모선에 열을 전달하여 버려진 공간을 메우어 롤브러시를 회전하여 드라이한다.

⑨ 백센터 각도를 약간씩 주어 볼륨감있는 안말음한다.

⑩ 드라이어 열바람을 감겨있는 롤브러시 위, 아래에 적당하게 열이 전달되어 풀어지지 않는 안말음이 되도록 한다.

⑪ 엉킨 모발을 빗질하여 다음 모근의 각도를 들어 볼륨감이 있도록 드라이한다.

⑫ 모발의 끝선은 2~3번의 작업을 반복하여야 결이 깨끗하게 드라이 된다.

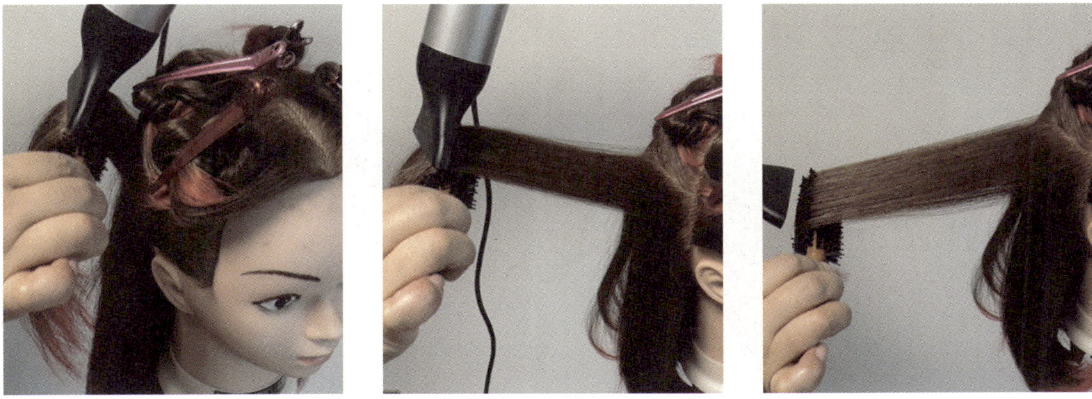

⑬ 볼륨감을 주어 텐션을 평창하게 유지하여 모발 끝까지 안말음에 흩어짐 없이 시술한다.

⑭ 롤브러시를 뺄 때는 한 손으로 모발을 잡아 고정시켜 롤브러시는 원형을 그려 가면서 뺀다.

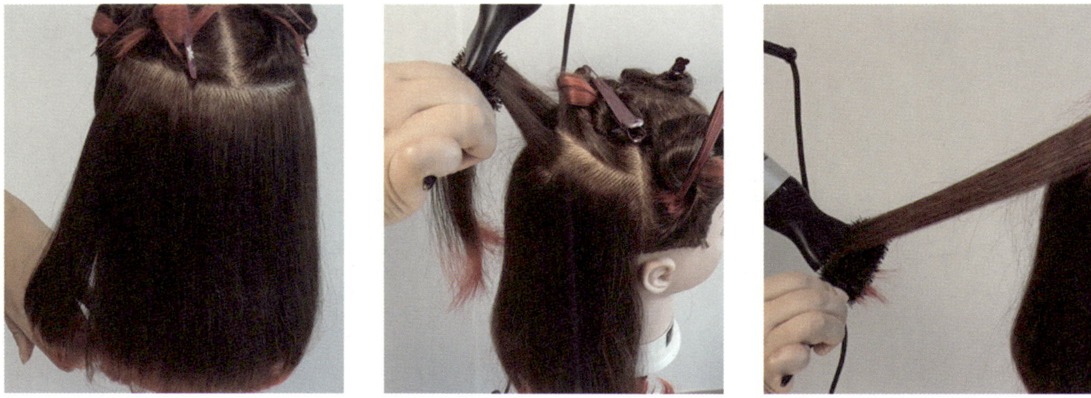

⑮ 모발 끝 선이 거칠고 푸석할 경우 드라이 열을 2~3번 반복하여 시술한다.

⑯ 골든 포인트 지점은 많은 각도를 들어 볼륨감을 형성시켜 준다.

⑰ 모발에 텐션을 주어 드라이어 열바람이 잘 전달될 수 있도록 시술한다.

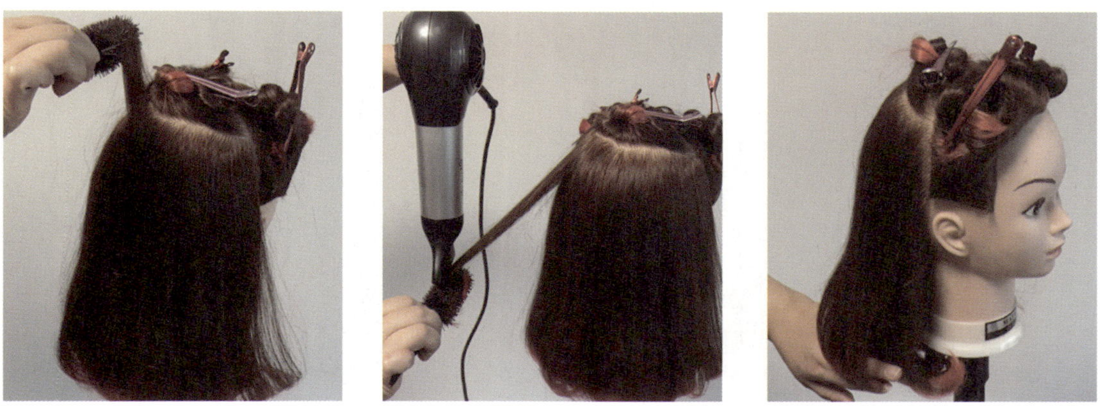

⑱ 모발 끝 선 브러시를 뺀후 남아있는 열을 이용하여 손가락으로 안쪽으로 밀어 고정한다.

⑲ 정수리 부분에 3등분의 섹션을 나눈 후 높은 각도의 뿌리 볼륨을 넣어 두피가 풍성하게 보이도록 한다.

⑳ 시술하면서 열을 전달하여야 할 부분에 천천히 느린속도로 시술한다.

㉑ 완성된 뒷부분 안말음 상태, 사이드 부분의 첫 단의 섹션을 나누어 각도를 적당하게 들어 시술한다. 두피에 뜨거운 열이 전달되지 않도록 주의한다.

㉒ 모발 뿌리, 중간, 끝부분을 드라이하여 끝부분은 롤브러시 원형으로 돌려 손을 이용하여 남아있는 열을 안말음으로 고정시킨다.

㉓ 모근에 각도를 들어 볼륨감 있게 시술한다. 중간부분으로 내려올 때 각도를 내려 안말음 시술한다.

㉔ ㉓번과 동일한 방법으로 시술한다.

㉕ 모발을 곱게 펴주어 롤에 감긴 모발에 열을 충분히 주어 안말음을 시술한다.

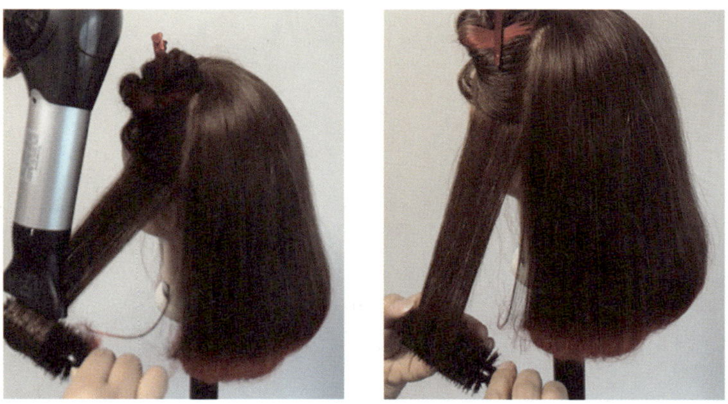

㉖ 좌측 사이드 부분도 우측사이드와 동일한 방법으로 시술한다.

㉗ 모류가 누운 부분은 물 분무하여 휘어진 모발에 반대방향으로 하여 수정하여 드라이한다.

㉘ 모발에 드라이열을 전달하여 곱게 펴준다. 모발 끝 선에 롤을 감아 열을 2~3번 더 많이 준다.

㉙ 모근 가까이 볼륨을 주어 드라이한다. 모발 중간 부분부터 각도를 다운시켜 안말음을 완성한다.

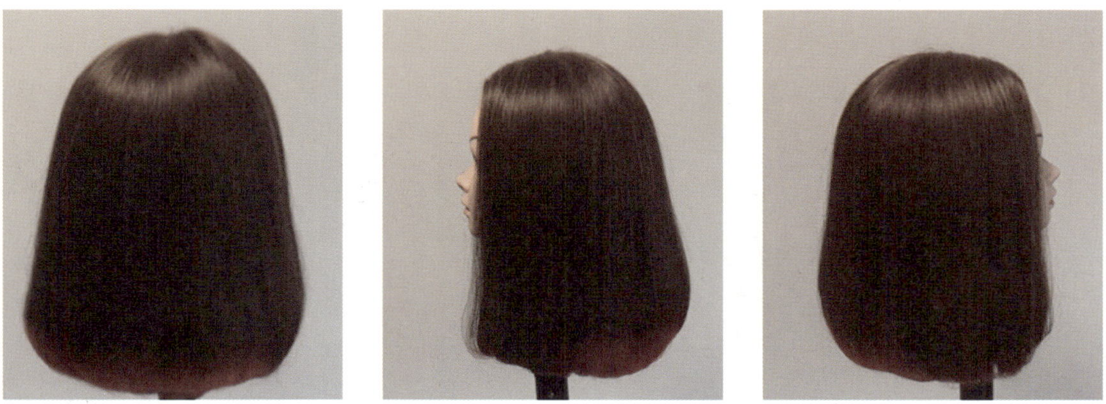

㉚ 완성된 모습

(3) 블로 드라이(바깥말음) 아웃컬

① 4등분 블로킹한다. 네이프 부분 시술 시 고개를 약간 숙이고 롤 크기만큼의 섹션을 나누어 시술한다.

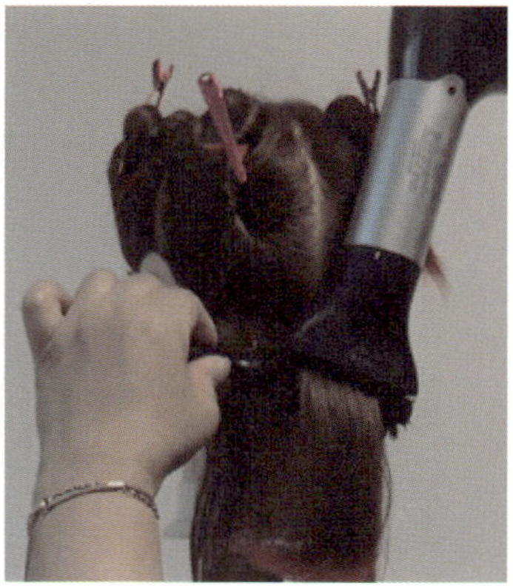

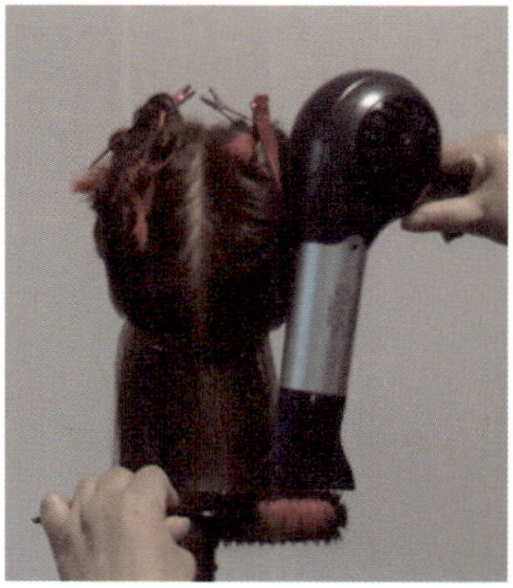

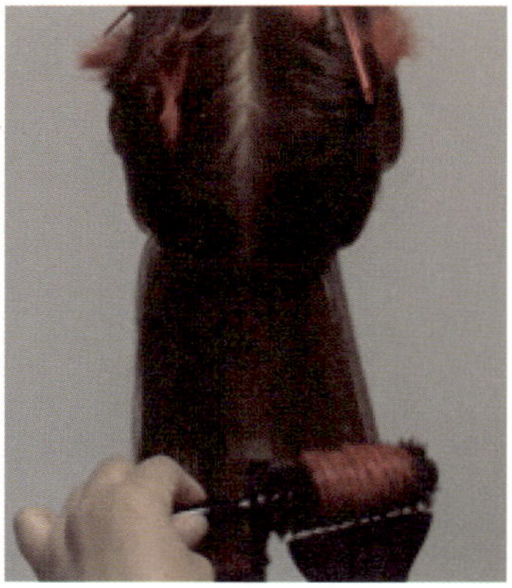

② 안말음으로 시술한 다음 다시 겉말음 와인딩하여 롤브러시 모발을 회전시켜 열바람을 준다.

③ 한 손으로 모발을 잡고 롤 브러시를 바깥으로 돌려 뺀다.

④ 남은 열을 이용하여 손으로 고정시켜 준다.

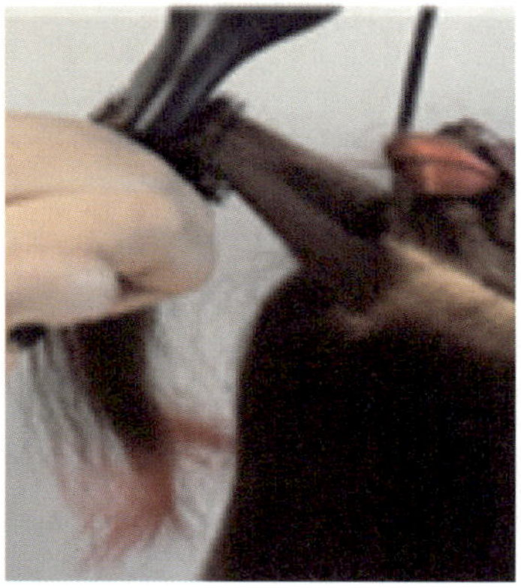

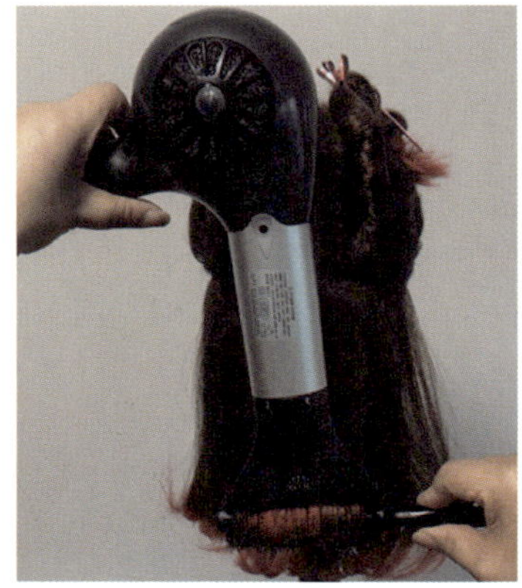

⑤ 안말음을 시술한 다음 바깥으로 롤을 감아 겉말음하여 드라이한다.

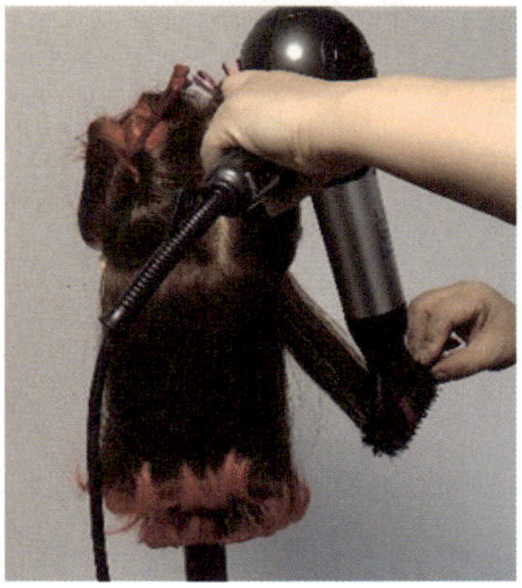  

⑥ ⑤번과 동일한 방법으로 진행한다.

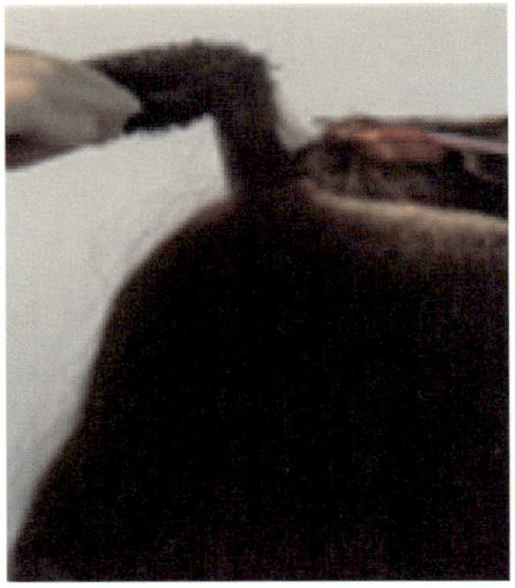

⑦ 모발에 볼륨을 넣어 안말음한 후 모발 끝부분을 바깥으로 롤을 말아 손으로 모발을 잡고 롤브러시를 서서히 빼준다.

⑧ ⑦번과 동일한 방법으로 진행한다.

⑨ 모발을 바깥으로 말아 드라이어 열을 전달하여 겉말음이 완성되도록 한다.

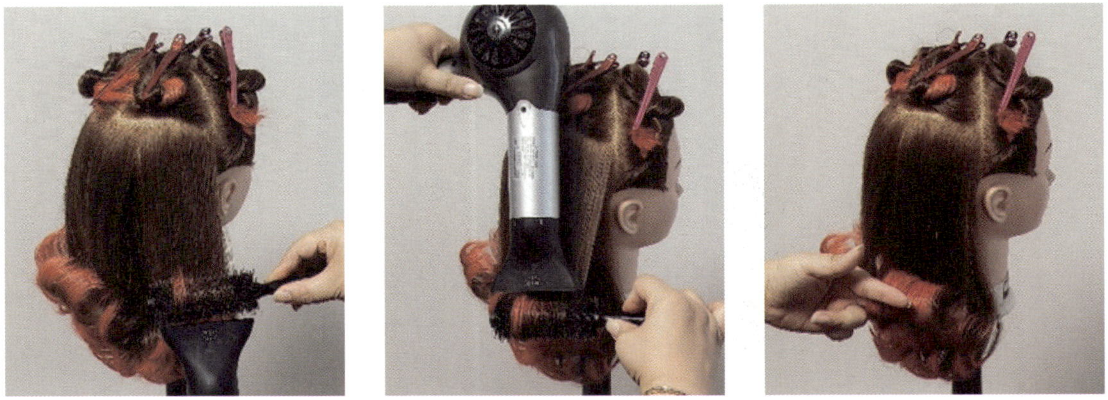

⑩ 우측 부분도 동일한 방법으로 진행한다.

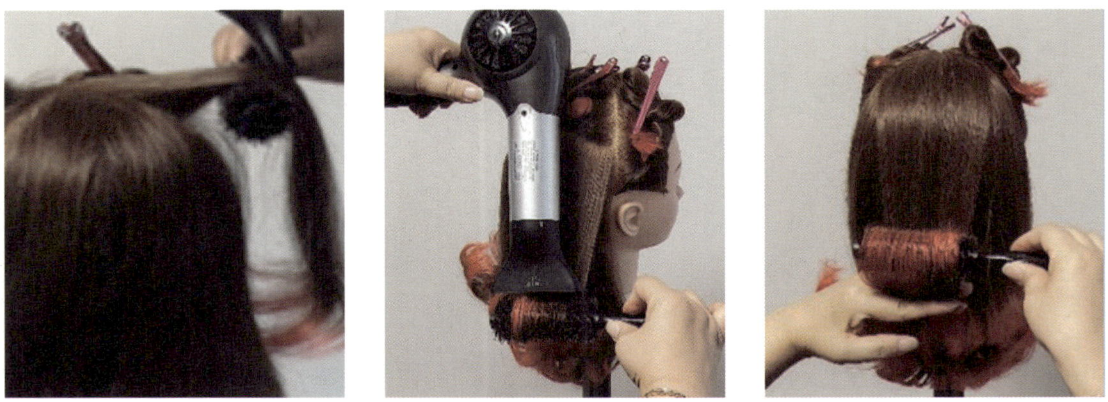

⑪ 정수리 부분의 볼륨을 주어 겉말음을 한다. 손으로 모발을 고정하여 겉으로 둥글게 롤을 빼준다.

⑫ 좌측 사이드 안말음 한 후에 모발 끝부분을 바깥으로 말아 위아래 열을 주어 고정시킨다.

⑬ 열을 전달한 후 겉말음하여 조심스럽게 모발을 바깥으로 빼준다.

⑭ ⑬번과 동일한 방법으로 진행한다.

⑮ 롤에 감긴 모발에 열을 적당하게 주어 겉말음 되도록 완성한다.

⑯ 우측 사이드도 동일한 방법으로 진행한다.

⑰ 각도를 적당히 들어 시술한다. 고객의 얼굴에 열이 전달되지 않도록 주의한다. 모발에 드라이 열의 자국이 생기지 않도록 한다.

 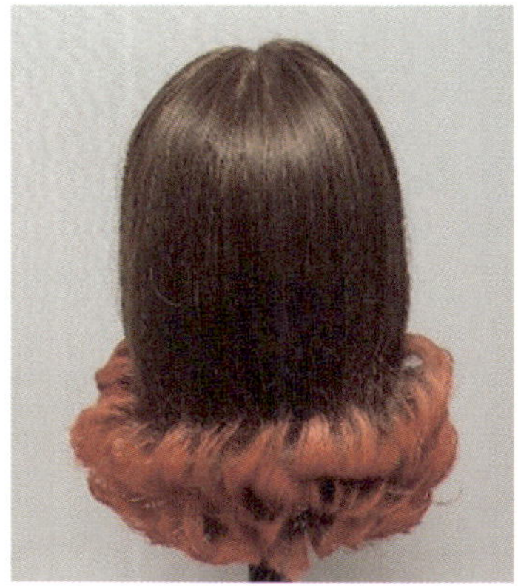 

⑱ 완성된 작품

(4) 블로 드라이 S컬(버티컬 웨이브)

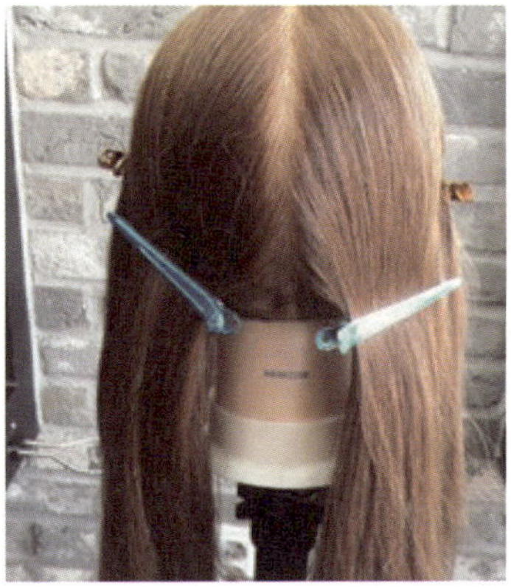

① 4등분 또는 5등분 블로킹한다.

② 버티컬 섹션으로 모발을 스트레이트 한 후 포워드 방향으로 롤에 감아준다.

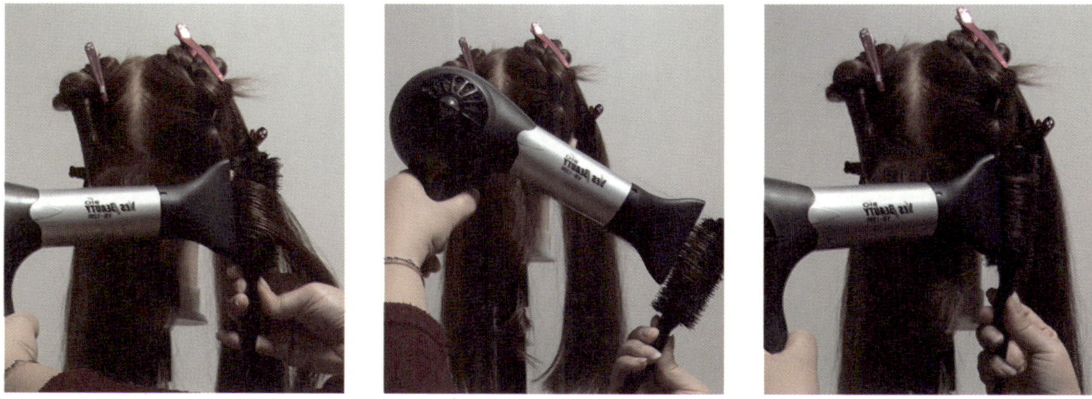

③ 백센터를 중심으로 포워드 방향으로 롤브러시 와인딩을 시술한다.

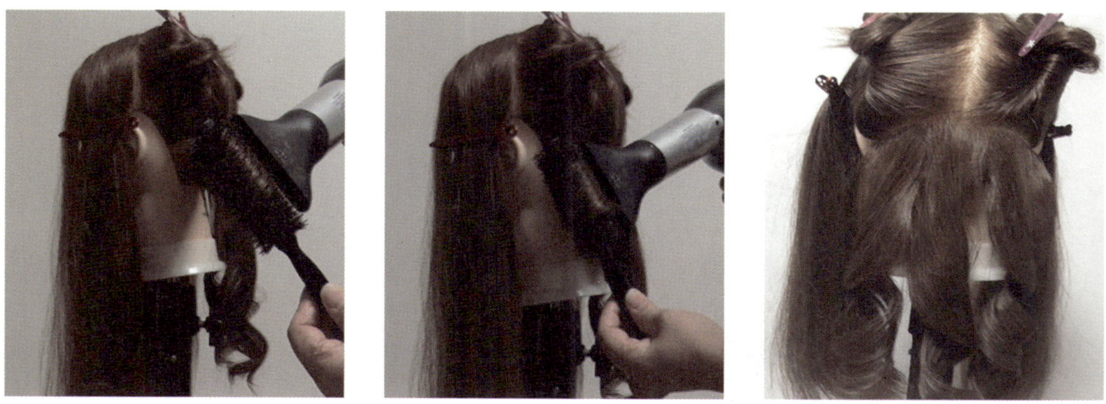

④ S컬이 나오도록 모발을 롤에 감아 열이 충분히 전달되도록 한다.

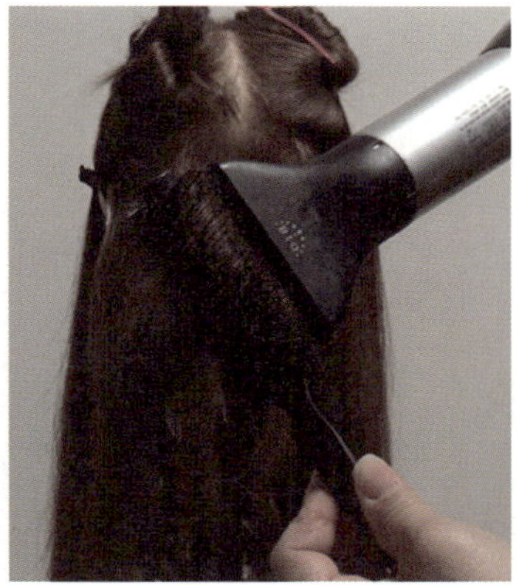

⑤ 핀셋의 고정으로 모발에 자국이 생겼다면 물분무를 하여 모발 끝자락부터 모근까지 모발을 브러시에 감는다.

⑥ 모발에 스트레이트로 펴준 다음 롤을 말아 열을 충분히 준다.

⑦ 모발 끝부분부터 좌측 방향으로 롤브러시에 와인딩을 하여 충분한 열을 준다.

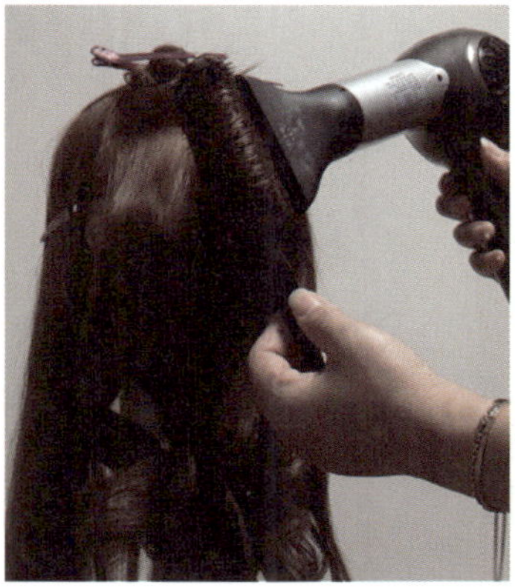
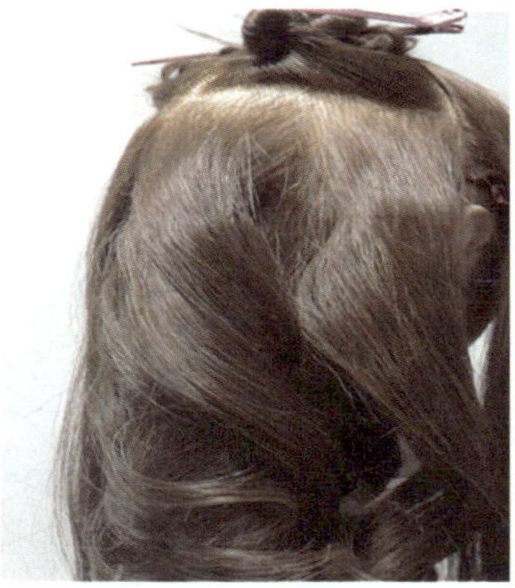

⑧ 열을 주면서 롤을 감는다. 열이 식으면 롤브러시를 모발에서 빼준다.

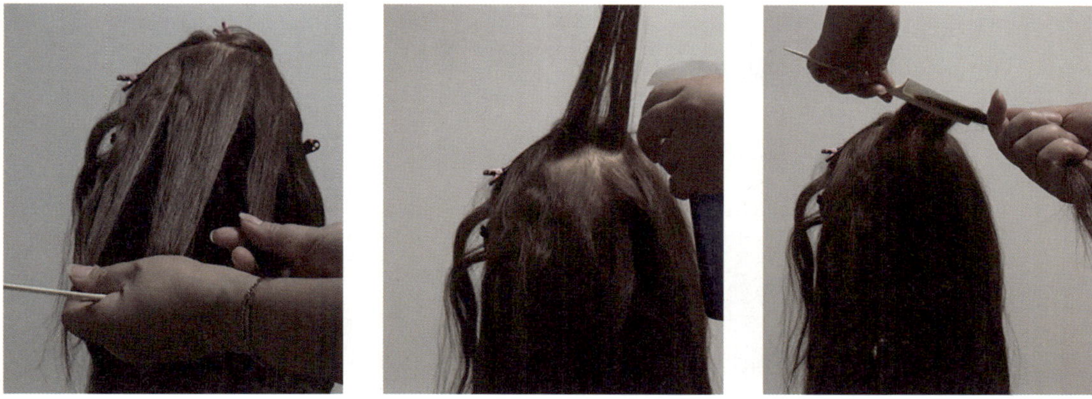

⑨ 정수리 부분에 3등분으로 나누어 모근 가까운 곳에 갈라짐 현상을 막아준다. 자극이 심할 경우 물분무를 하여 거친 모발을 깔끔하게 빗질하여 준다.

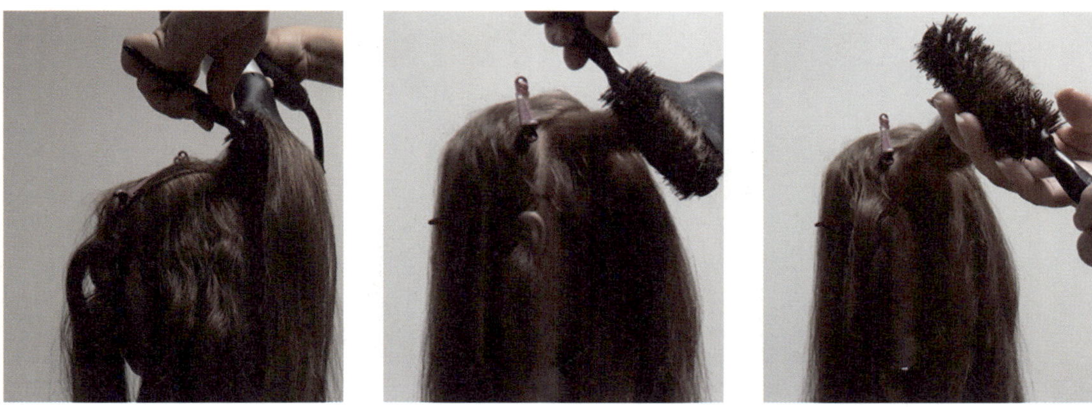

⑩ 굽어진 모발을 작은 섹션을 나누어 곱게 펴준다. 롤브러시에 모발을 감아 충분한 열을 주도록 한다.

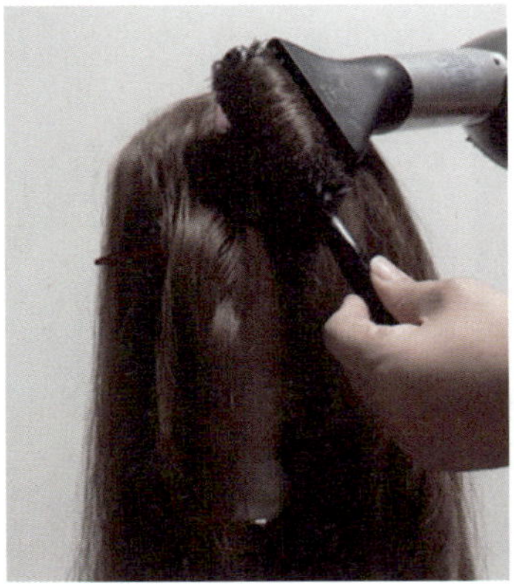

⑪ 모발이 구김이 가지 않도록 텐션을 주어 드라이한다.

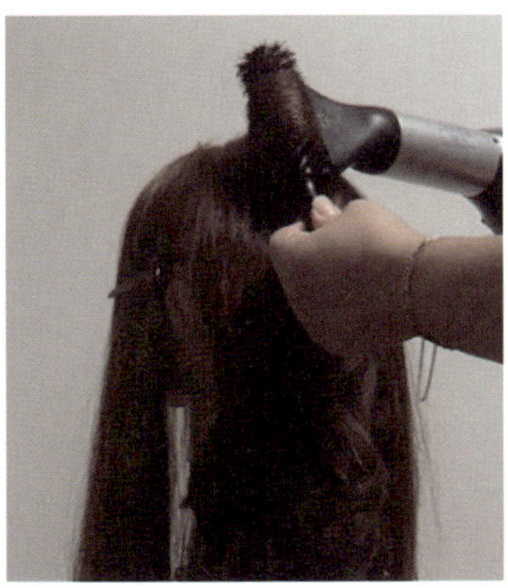

⑫ 푸석한 모발을 깔끔하게 펴준 다음 S컬을 완성한다.

⑬ 좌측 사이드 버티컬 섹션으로 나누어 얼굴에서 뒤쪽을 향하도록 드라이한다,

⑭ 모발 폭이 넓을 경우 두 폭으로 나누어 리버스 방향으로 와인딩 한다.

⑮ 모발 판넬을 곱게 펴준 후 리버스 방향으로 와인딩한후 남은열을 이용하여 손으로 만져 S컬이 고정되도록 열을 식혀준다.

⑯ 모발을 깔끔하게 텐션을 주어 펴준 다음 얼굴 뒤쪽을 향하도록 와인딩한다.

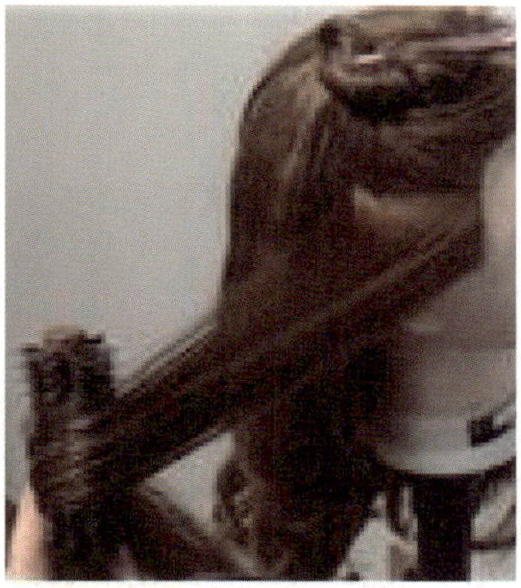
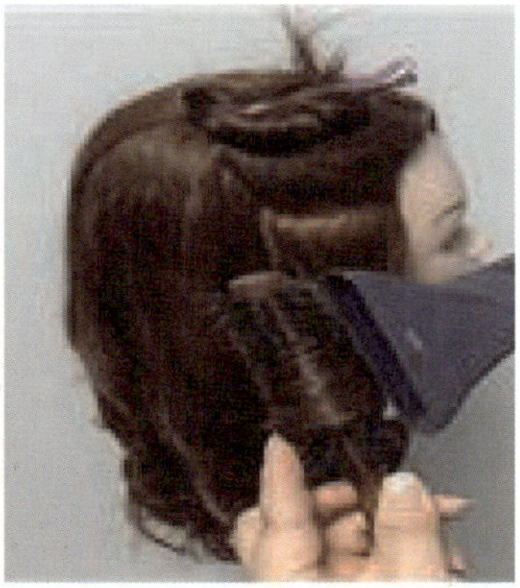

⑰ 두 폭을 나누어 버티컬 섹션으로 판넬을 펴준 다음 모발 끝자락부터 시작하여 모근가까이 와인딩 하여준다.

⑱ 모발감긴 브러시에 열이 남아 있을 때 손으로 만져 열을 식힌 후 모발을 잡고 아래로 돌려서 모발을 빼주어 웨이브를 형성시켜준다.

⑲ 열을 적당하게 전달이 되어야만 강한 웨이브를 만들 수 있다.

⑳ 모발을 잡고 브러시를 아래로 돌려 빼주어 웨이브가 흐트러지지 않도록 완성한다.

㉑ 완성된 모습

HAIR
SHAMPOO
DRY & HAIR
SETTING
IRON

아이롱

Chapter

05

1) 아이롱의 유래

1875년 프랑스 마르셀 그라토(Marcel Grateau)가 컬 웨이브를 연출하기 위해서 고데기를 창안하여 불에 달구어 사용하는 것으로 한번 만들어진 헤어스타일링은 오랜 시간 지속되는 기구라 할 수 있다. 1990년대 이후부터 매직스트레이트의 유행으로 플랫아이롱까지 등장하여 1905년 영국 찰스 네슬러가 퍼머넌트 웨이브를 처음 발명하게 되었다.

1920년 르네랑보(Rene Ram daud)는 컬 웨이브를 만들어 내는 것까지 창안하여 현대여성들의 사회진출이 높아지면서 가정에서도 손쉽게 본인의 헤어스타일을 구사하는 능력이 발전된 과정에 편리하게 사용할 수 있는 아이롱 기기가 많이 등장하고 있다.

2) 아이롱 열과 관계

아이롱의 적정온도로 120~140℃가 적당하며 모발의 굵은 모발, 가는 모발, 손상 모발, 건강 모발에 따라 온도를 조절하여 사용할 수 있다. 100~200℃까지도 온도조절이 가능하여 화상의 주의가 필요하다.

시술 시 아이롱의 온도가 낮을 경우 모발상태에 따라 온도를 올릴 수는 있지만 너무 과열된 상태라면 모발이 타들어가는 손상을 볼 수 있으므로 시술 전에 온도를 체크하여 사용하는 게 바람직하다. 아이롱이 가열된 상태에서 종이나 티슈를 이용하여 집었을 때 누렇게 변한다면 물에 젖은 수건을 이용해 열을 식혀 사용하여야 한다.

① 인컬(In curl, 안말음) : 모발 끝자락이 안으로 말려 있는 형태로 두피쪽에서부터 윤기와 볼륨을 연출하는 디자인

② 아웃컬(Out curl, 바깥말음) : 인컬과 반대방향으로 적당한 두피곡면으로 따라 볼륨형성과 모발 끝이 바깥으로 향한 디자인

③ 버티컬 웨이브(Vertical Wave, S컬) : 긴 머리카락에 연출할 수 있는 S컬 헤어스타일은 우아하면서도 여성스러운 스타일로 다양한 연출이 가능한 디자인

④ 스트레이트(Straight, 펴주기) : 짧은 머리와 긴 머리 모두 사용 가능하며 곱슬머리를 펴주기도 하며 웨이브를 만들어 줄 수 있는 기능

3) 아이롱의 종류

		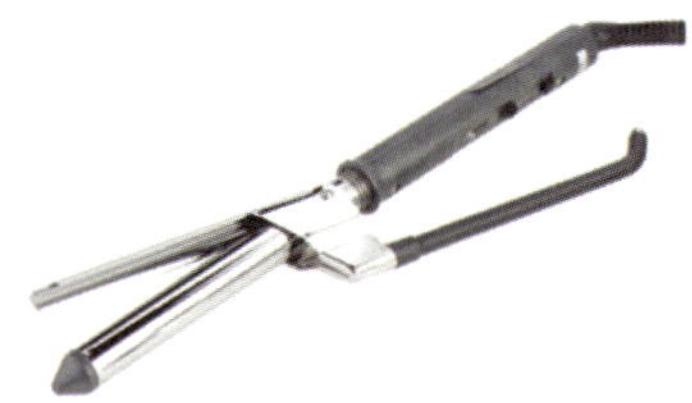
전기아이롱	브러시아이롱	라운드아이롱
	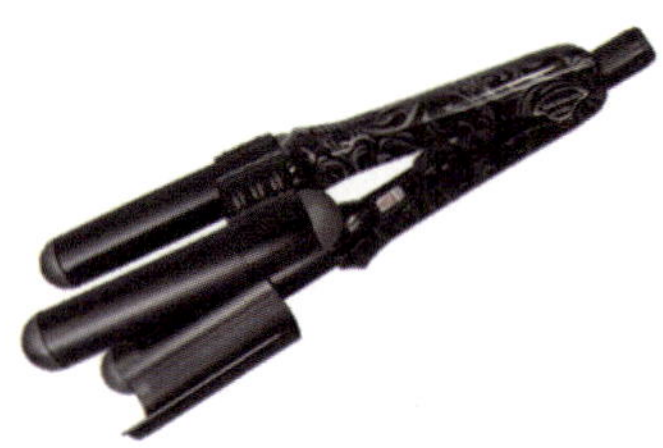	
다이렉트 아이롱	물결웨이브아이롱	플랫아이롱

① 전기아이롱

68~180℃까지 열을 조절하여 사용할 수 있는 전기기구이다. 전기가 있는 곳이라면 어디서든지 사용 가능하며 모발에 따라 온도를 조절하여 사용할 수 있다.

② 플랫아이롱

일반적으로 많이 사용하는 기기로 넓적한 열판이 두 개가 맞물려있는 모양으로 주로 머리를 펴주는 드라이 역할과 곱슬머리를 펴주는 스트레이트 열펌으로도 사용 가능하다. 플랫아이롱으로 C컬이나 S컬 웨이브 연출까지 이용범위가 다양하다.

③ 라운드아이롱

일명 마샬 모양과 같고 롯드역할의 프롱과 홈이 파여진 그루브가 있다.
가열방식이 아이롱보다 열 조작이 쉽고 짧은머리 또는 긴모발에 웨이브가 표현가능하며 편리하게 사용할 수 있다. 크기와 모양이 다양하며 롤이 굵어질수록 웨이브가 자연스럽게 나오며 굵기에 맞게 사용할 수 있다. 메탈아이롱과 세라믹아이롱이 있다.

④ 다이렉트 아이롱

지그재그 판 모양이 맞물려있어 나이아가라 고데기로 부스스한 폭탄머리 모양을 내는 아이롱기구이다. 뿌리를 살릴 때 뿌리 쪽만 집어서 볼륨을 살릴 수 있으며 전체를 잡으면 색다른 느낌을 만들 수 있다.

⑤ 물결웨이브 아이롱

한때 연예인들이 많이 하였던 헤어스타일로 유명세를 타면서 일반 젊은 여성들도 한번쯤은 하였던 물결웨이브이다. 과거에는 플랫아이롱으로 시술을 어렵게 구사하였지만 현재 물결웨이브 아이롱으로 쉽고 빠르게 디자인 완성이 가능하다.

⑥ 브러시아이롱

광고매체를 통하여 많이 출시된 브러시 아이롱은 브러시가 겸용으로 있어 빗살에 열전달되어 누구나 쉽게 모발을 자연스럽게 가정에도 사용할 수 있는 기구이다.

4) 실기편 – 아이롱

(1) 플랫 아이롱 (스트레이트)

플랫 아이롱(스트레이트) 실습 순서

① 블로킹 4등분 또는 5등분 나눈다.

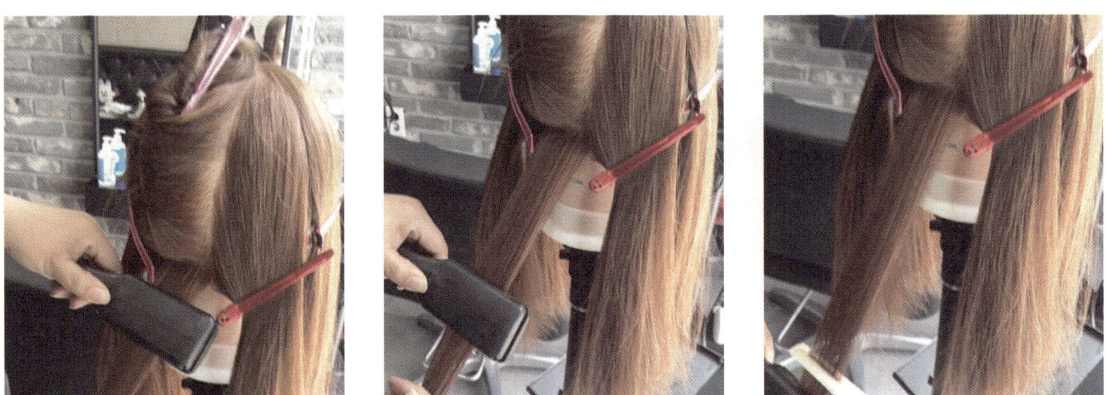

② 백중심부 하단부분부터 시작하여 모발을 깔끔하게 펴준다.

③ 백센터 중심으로 2cm 정도의 섹션을 뜬 후 모근 모선 모발 끝 선까지 열을 가해 준다.

④ 모선 끝 선 부분은 2~3번 반복하여 열을 준다. 정수리 부분에 각도를 위로 올려 모발을 펴주게 되면 자국없이 스트레이트 할 수 있다.

⑤ 열의 전달로 모발이 뜨거울 수 있으니 모발을 빗으로 받쳐준다.

⑥ 백센터 우측 부분에도 두상에 열이 가지 않도록 주의하여 시술한다.

⑦ 각도와 텐션을 주어 시술한다.

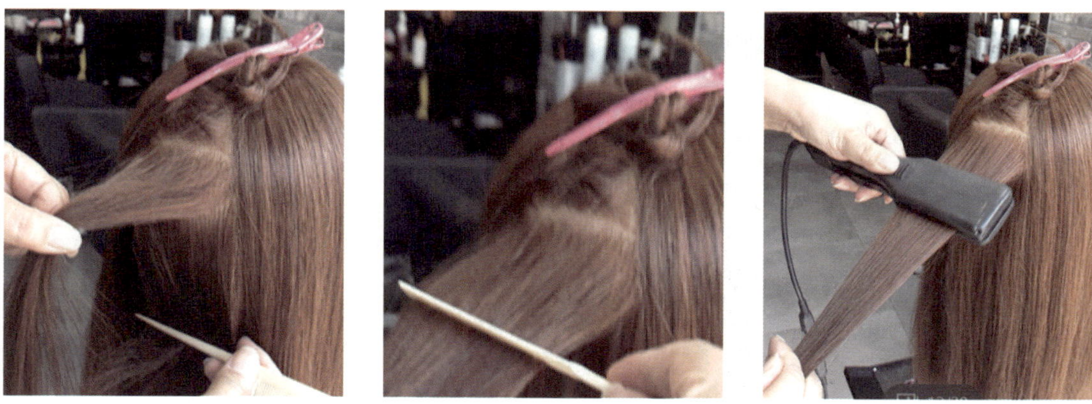

⑧ 섹션을 나누어 빗질한 후 모발이 깔끔하게 펴지도록 2~3번 반복하여 시술한다.

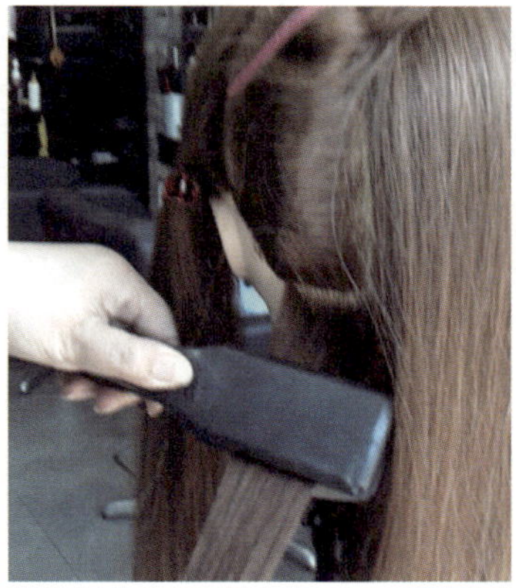

⑨ 좌측 네이프 부분에 텐션을 주어 열이 전달 될 수 있도록 시술한다.

⑩ 블로킹 나눈 사이 갈라진 부분도 같이 섹션을 잡아 시술한다.

⑪ 반복하여 모발에 윤기가 나도록 시술한다.

⑫ 정수리 부분에 각도를 세워 열을 주어 서서히 모발 끝 선까지 시술한다.

⑬ 사이드 첫 단의 섹션을 뜬 후 텐션을 주어 모발에 윤기가 나도록 완성한다.

⑭ 두상 F.S.P.에 들어가 있는 부분은 각도를 들어 볼륨을 주어 모선부터 각도를 내려 완성한다.

⑮ 센터 각도를 똑바로 들어 모근에 열을 준 후 다시 각도를 내려 모발에 윤기를 준다.

⑯ 2cm 섹션을 뜬 후, 모근과 모선 모발 끝자락까지 열을 전달한다.

⑰ 적당한 각도를 들어 열을 주면서 텐션 유지와 모발이 윤기가 나도록 반복 시술한다.

⑱ 각도를 똑바로 세워 굽어진 모류를 수정한 후 다시 각도 내려 반복 시술하여 모발의 결이 깔끔하게 스트레이트 완성하도록 한다.

⑲ **완성 작품**(정면, 측면, 후면)

(2) 플랫 아이롱 안말음(인컬)

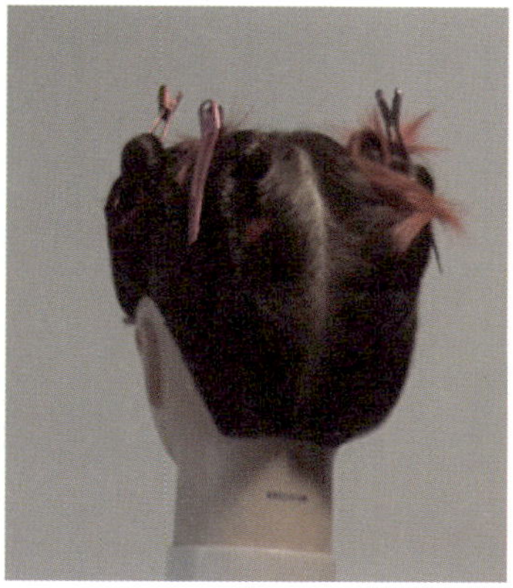

① 4등분 블로킹한다.

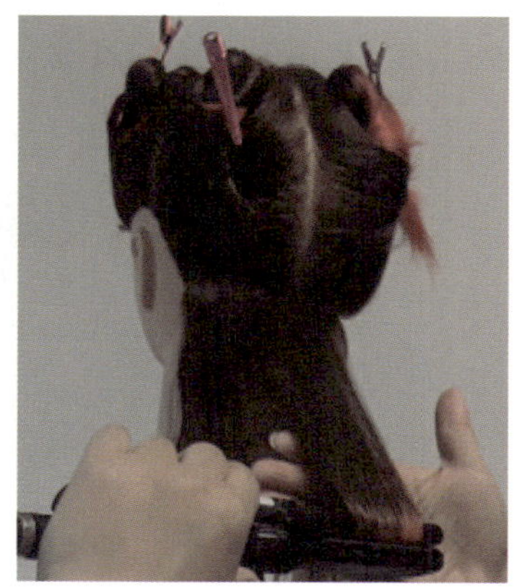

② 네이프 부분은 고개를 앞으로 약간 숙인 후 시술한다. 모근에 볼륨을 주어 C컬 시술을 한다.

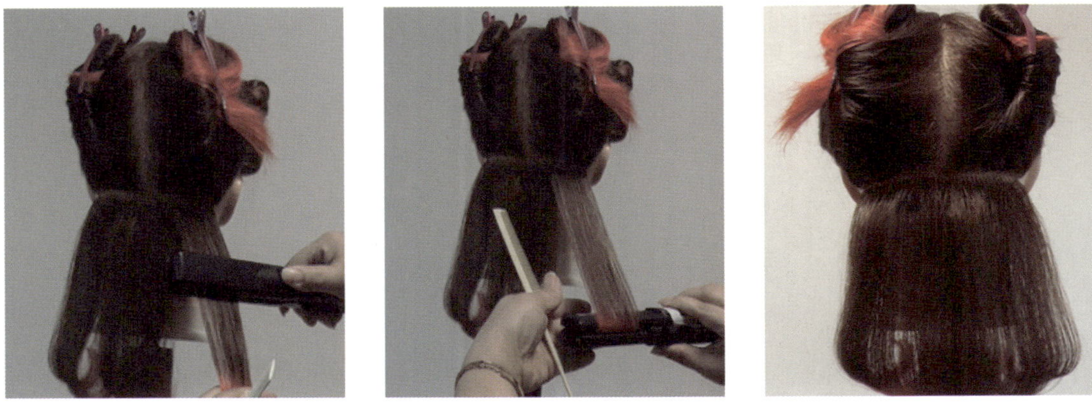

③ 2~3번 반복하여 열을 주면서 푸석한 모발 끝 부분은 모근보다 여러 번 열을 준다.

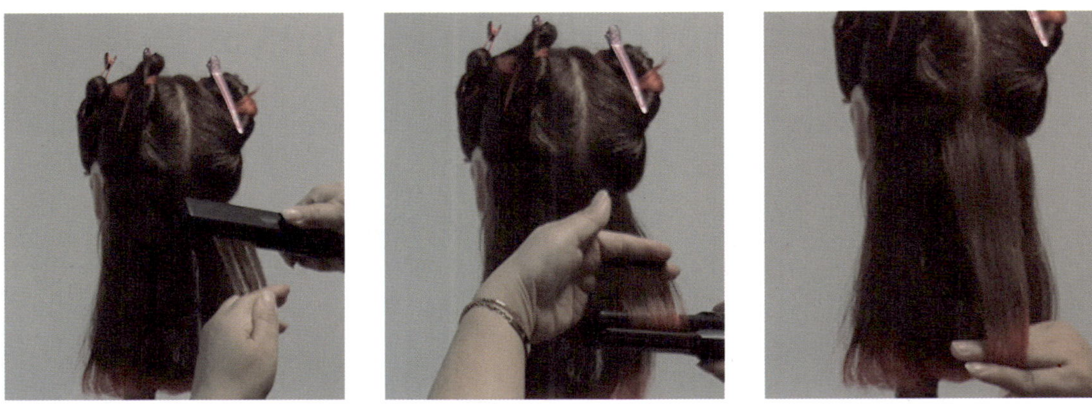

④ 모발을 깨끗하게 펴준 다음 모발 끝부분은 90도 회전시켜 안말음한다.

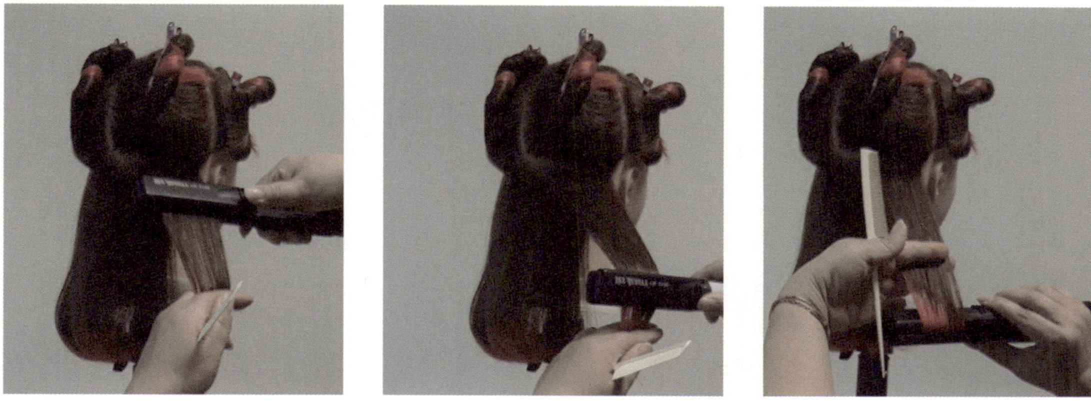

⑤ 텐션을 주어 안말음한 다음 모발을 한 손으로 잡고 아이롱을 회전시켜 안쪽으로 빼준다.

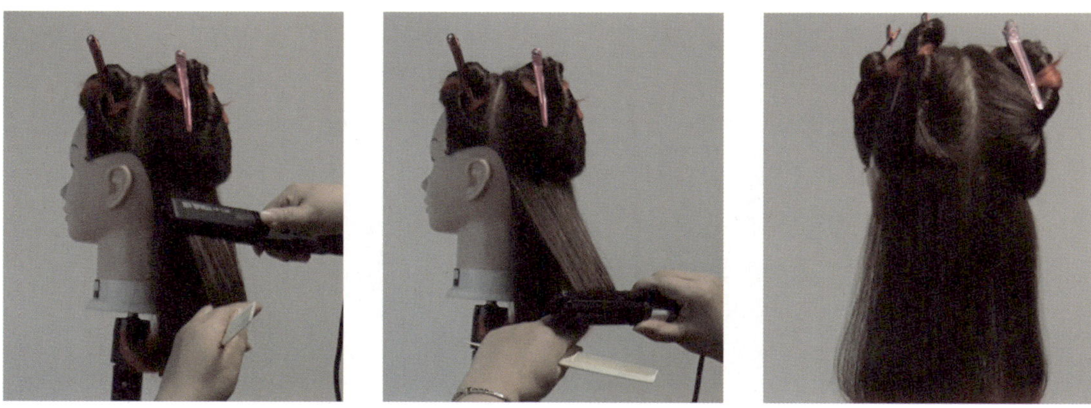

⑥ 섹션 사이로 모발이 엉키지 않도록 정확하게 시술한다.

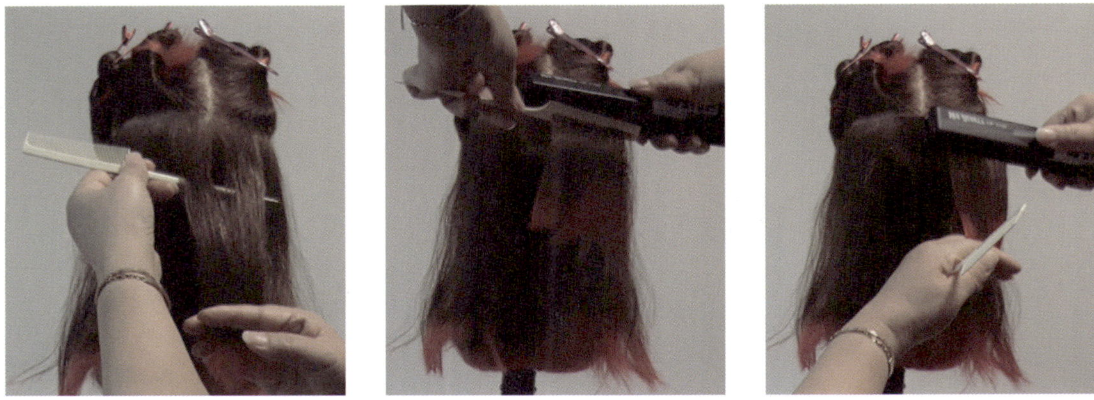

⑦ 블로킹 나눈 후 핀셋의 자국이 있을 경우 물 분무를 하여 갈라짐 현상이 없도록 한다.

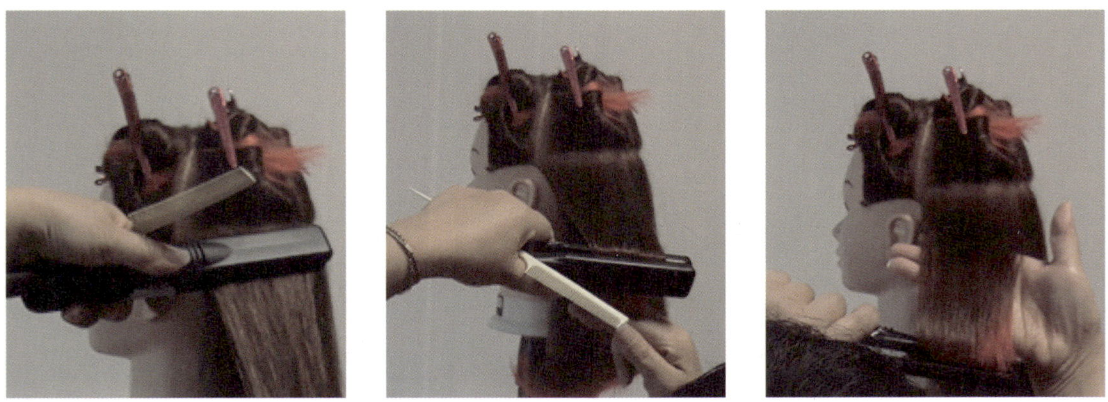

⑧ 한 손으로 모발에 텐션을 고정시켜 시술한다. 모발이 뜨거울 수 있으므로 주의한다.

⑨ ⑧번과 동일한 방법으로 시술한다.

⑩ 백센터 좌측 우측을 나누어 시술한다.

⑪ 적당한 열을 전달하여 C컬 와인딩한다.

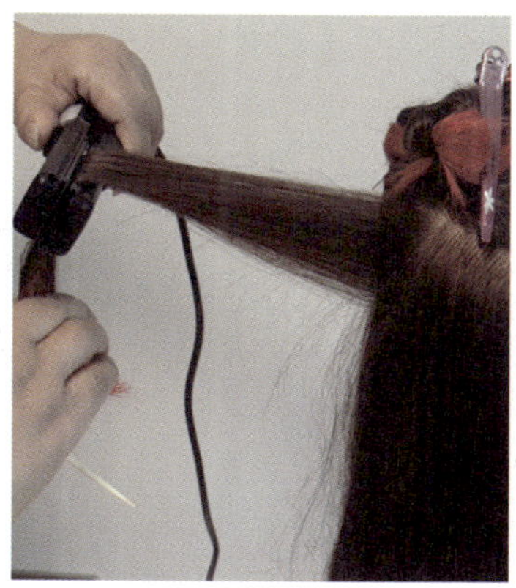

⑫ 각도를 들어 모발을 다려준 다음 꼬리 빗으로 모발을 받쳐 안말음한다.

⑬ ⑫번과 동일한 방법으로 디자인 완성한다.

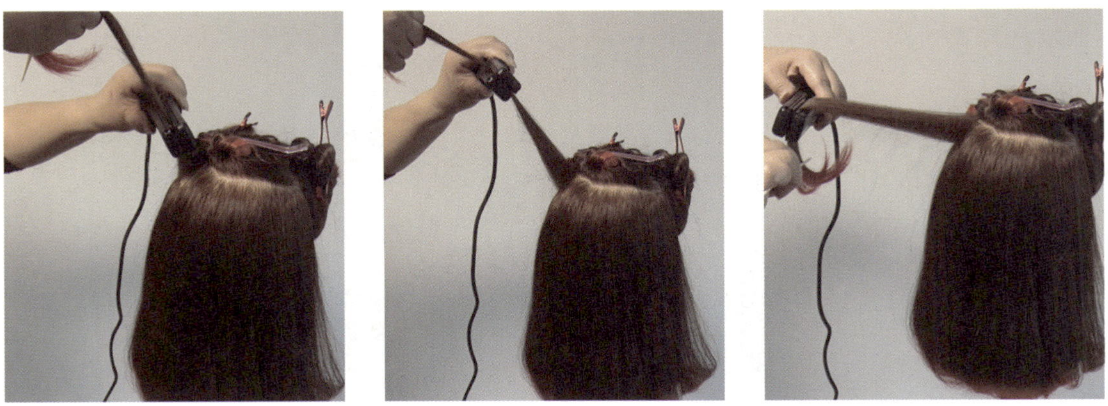

⑭ 볼륨을 주기 위해 각도를 들어 안말음 시술을 한다.

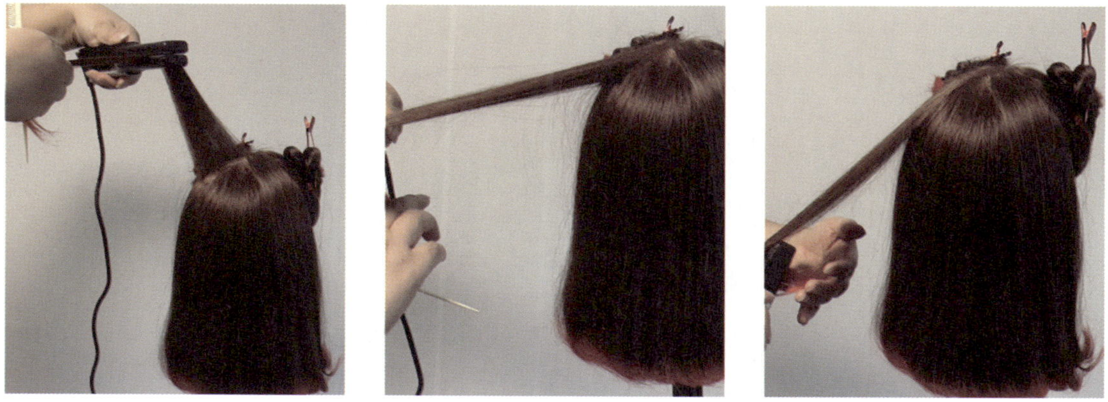

⑮ 모발 중간부분부터 텐션을 유지하면서 각도를 내려 안말음 시술을 한다.

⑯ 우측 사이드 모발을 잡아 아이롱으로 펴준 다음 모발 끝 부분을 반 회전하여 안말음한다.

⑰ 모발이 곱슬머리라면 아이롱으로 여러 번의 모발을 펴준 다음 시술한다.

⑱ 모근, 모선, 모발 끝 부분 순으로 열을 천천히 전달시켜 시술한다,

⑲ 모발을 잡아 텐션을 유지시켜 펴 준 다음 2~3번 반복하여 다려준 후 안말음 하여야 모근 모선, 모발 끝 부분까지 깔끔하게 디자인이 완성된다.

⑳ ⑲번과 동일한 방법으로 디자인 완성한다.

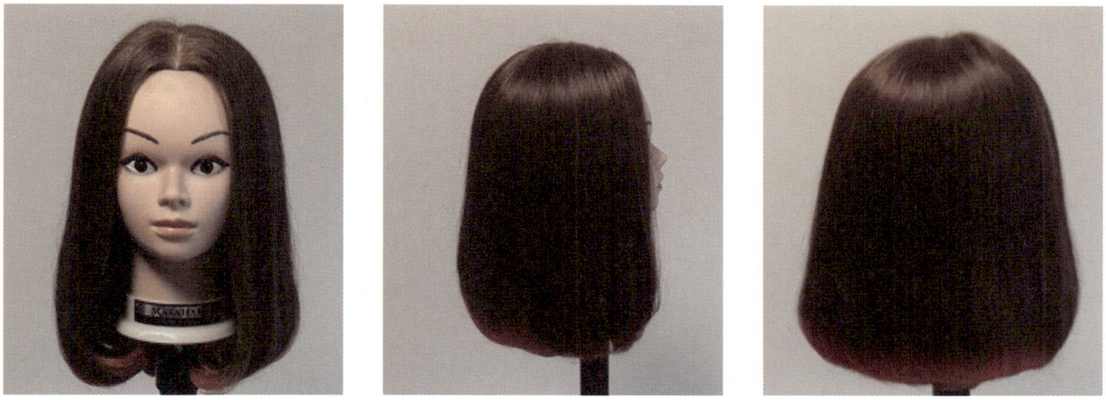

㉑ 완성된 작품

(3) 플랫 아이롱 겉말음(아웃컬)

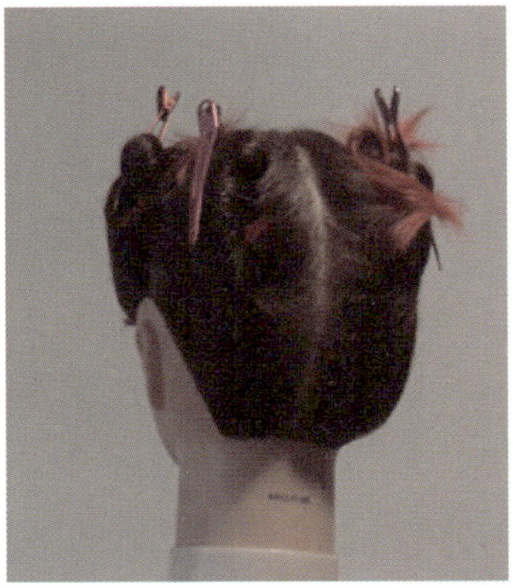

① 4등분 블로킹한다.

② 모발을 끝자락까지 빗질한 후 시술한다.

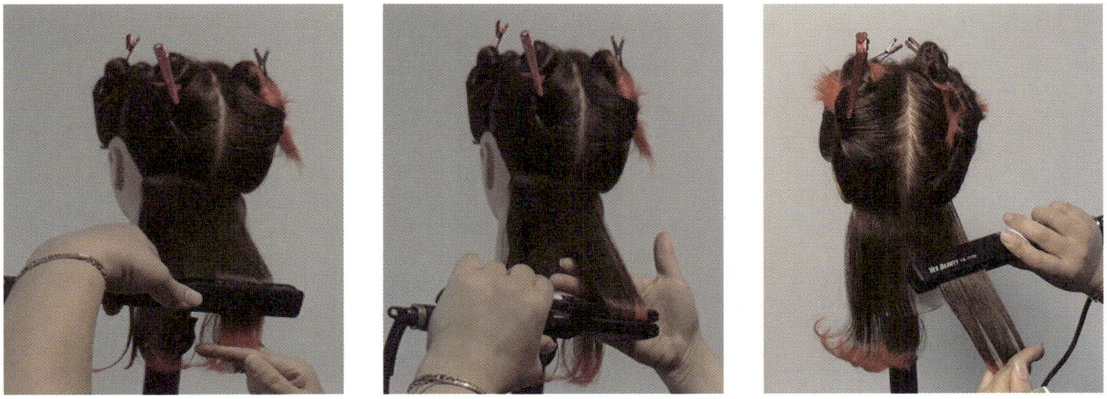

③ 모발을 백센터, 우측과 좌측을 시술한다.

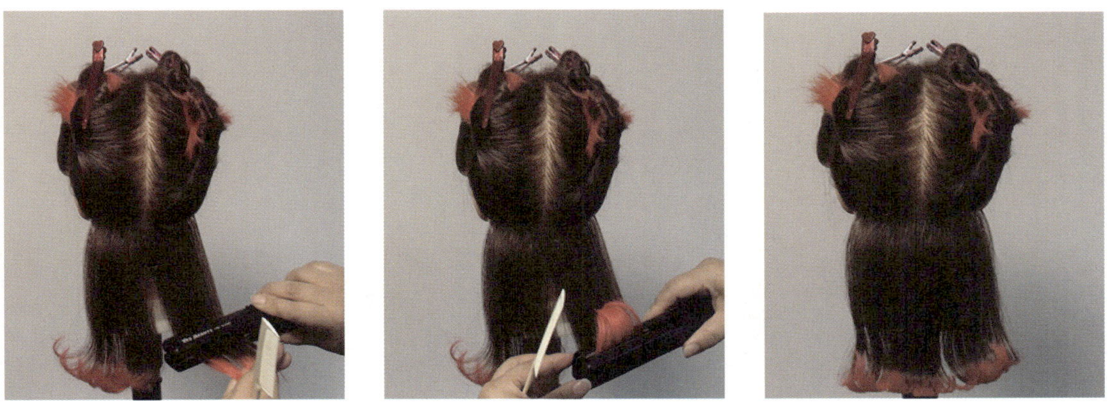

④ 모발패널을 스트레이트 펴준 후 안말음하여 아웃컬 시술한다.

⑤ 블로킹으로 핀셋자국이 생겼을 경우 물분무를 하여 빗질한다.

⑥ 중앙부분의 패널을 안말음 한 후 다시 겉말음 한다. 한 손으로 모발을 잡아 아이롱은 위로 향하도록 하여 모발을 천천히 빼준다.

⑦ 모발이 뜨거울 수 있으니 주의하여 시술한다.

⑧ 모발이 바깥으로 향하도록 와인딩하여 모발을 천천히 고정시키면서 뺀다.

⑨ 열이 남아있을 때 한쪽 손을 이용하여 고정시켜 준다.

⑩ 2~3회 반복으로 모발의 윤기를 주어 안말음 한 후 겉말음을 시술한다.

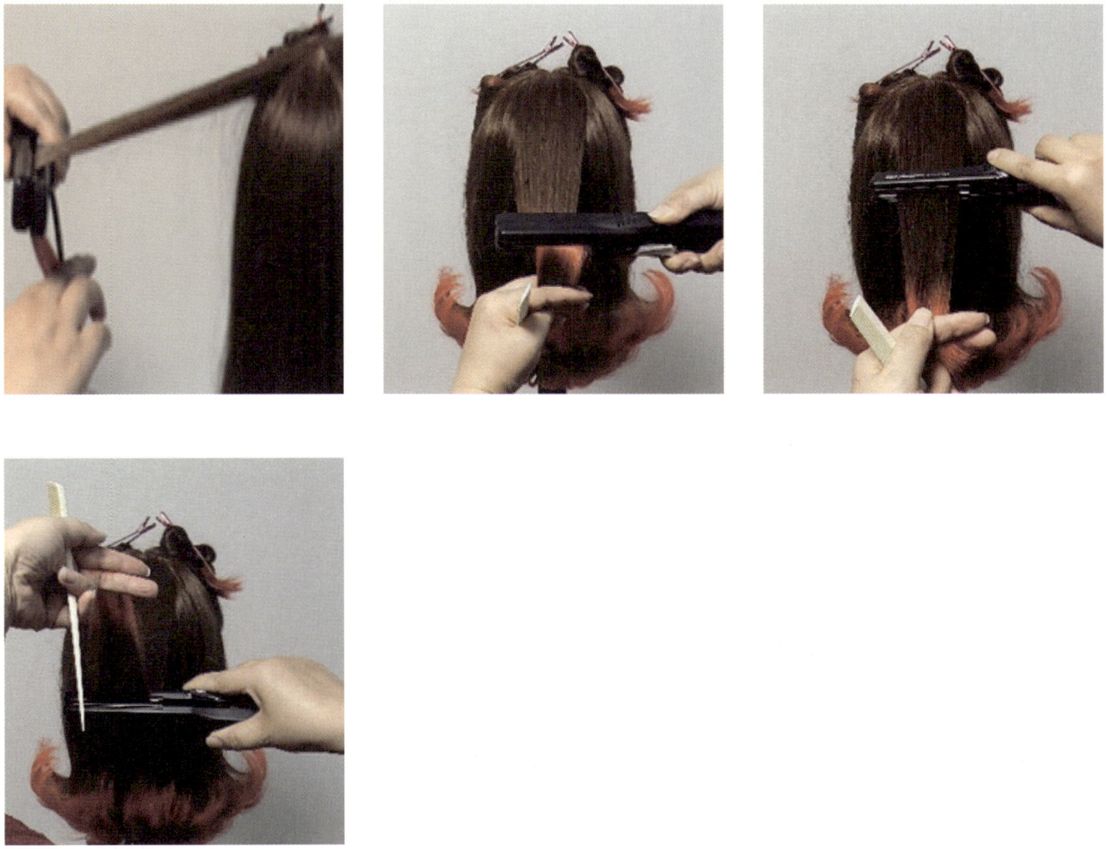

⑪ ⑩번과 동일한 방법으로 시술한다.

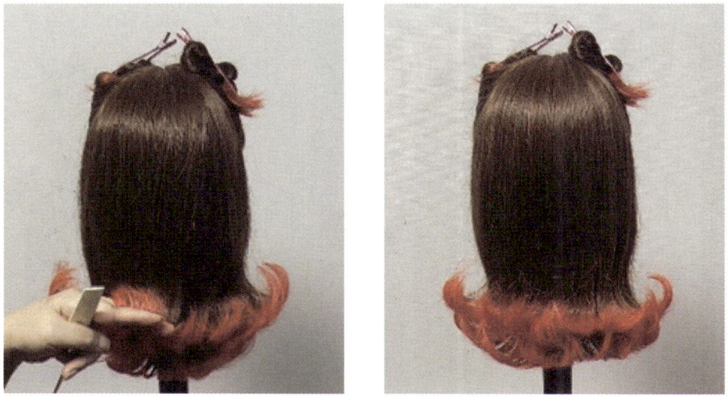

⑫ 남아있는 열을 이용하여 겉말음하여 고정시켜 준다.

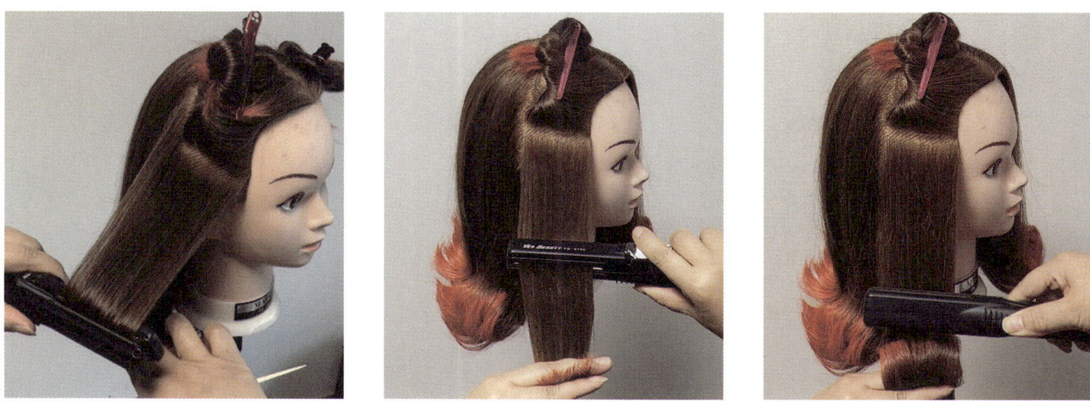

⑬ 텐션을 주어 안말음 한 다음 다시 겉말음을 시술한다.

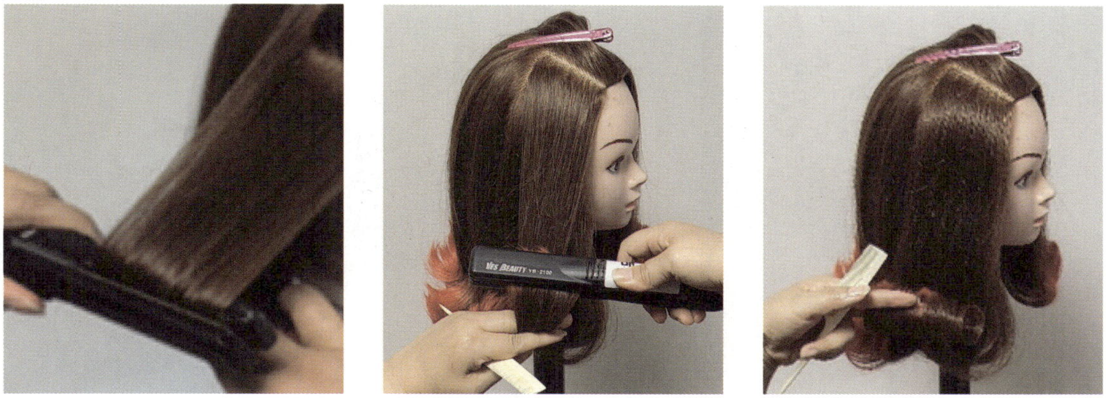

⑭ ⑬번과 동일한 방법으로 텐션과 각도를 윤기를 주어 아이롱을 회전시켜 시술한다.

⑮ 안말음 한 후 모발을 잡아 3분의 1 지점부터 바깥으로 말아 회전시켜 준다.

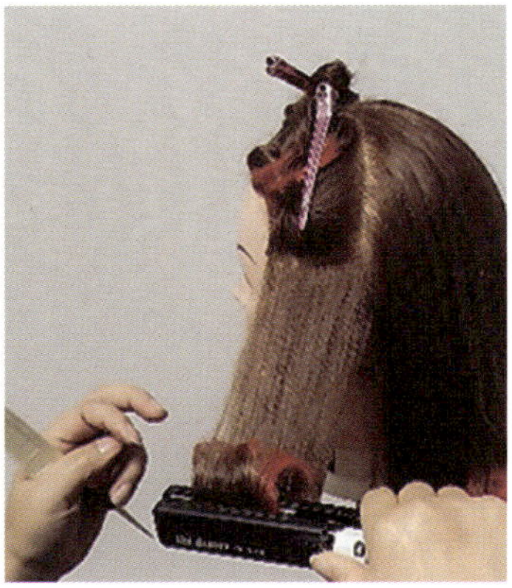

⑯ 반대편도 동일한 방법으로 시술한다.

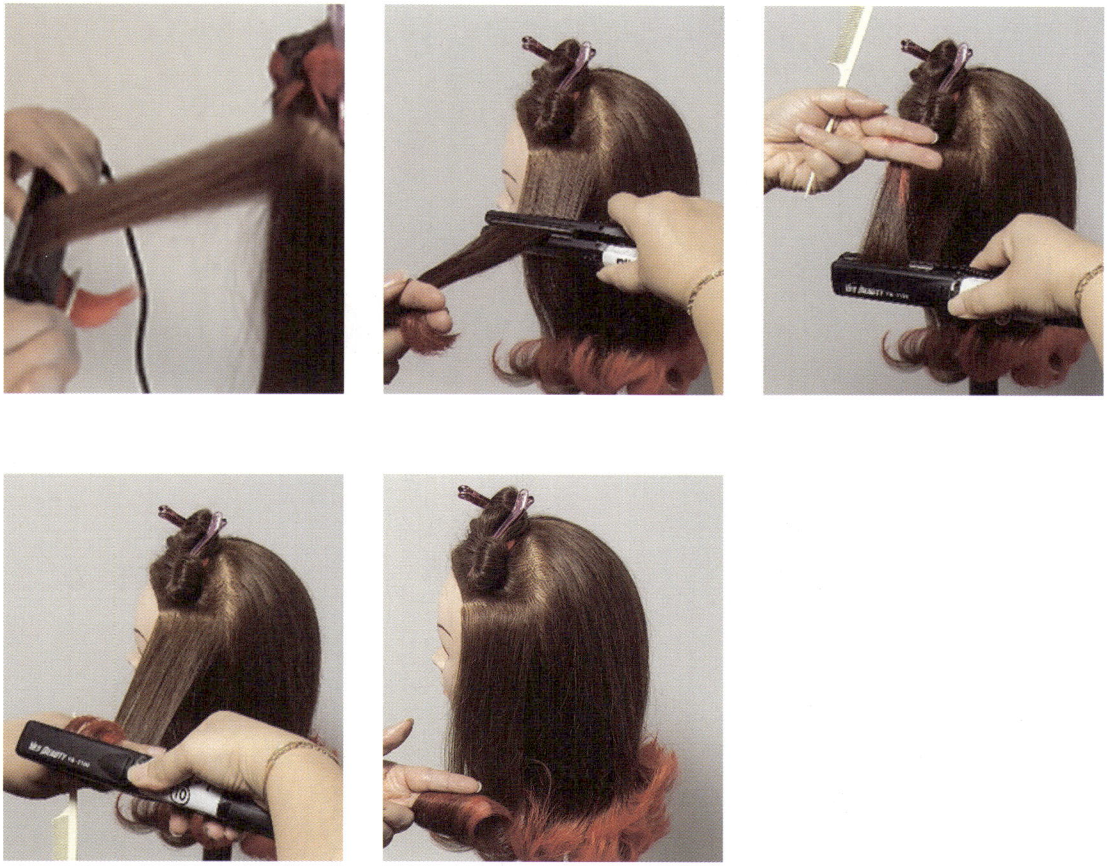

⑰ 패널을 다림질하여 모발 끝부분에 C컬을 넣어준 후 다시 겉말음을 한다. 모발을 잡아주어 형태를 완성시킨다.

⑱ ⑰번과 동일한 방법으로 시술한다.

⑲ 완성 작품

(4) 아이롱 S컬

1. 버티컬 웨이브

① 5등분 블로킹으로 나눈다.

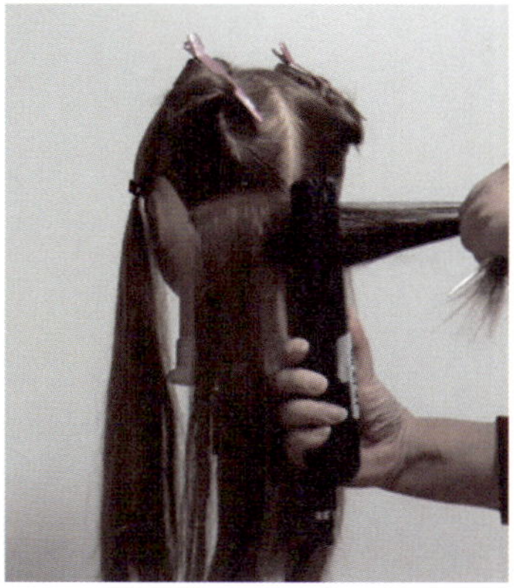
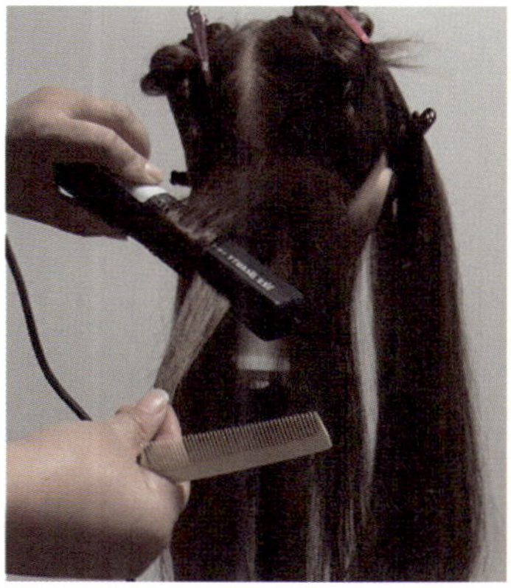

② 네이프 첫 단은 시술하기 용이하도록 앞으로 고개를 숙인 후 시술한다.

③ 세로 섹션으로 모발을 펴준 다음 아이롱에 모발을 회전시켜 와인딩하여 시술한다.

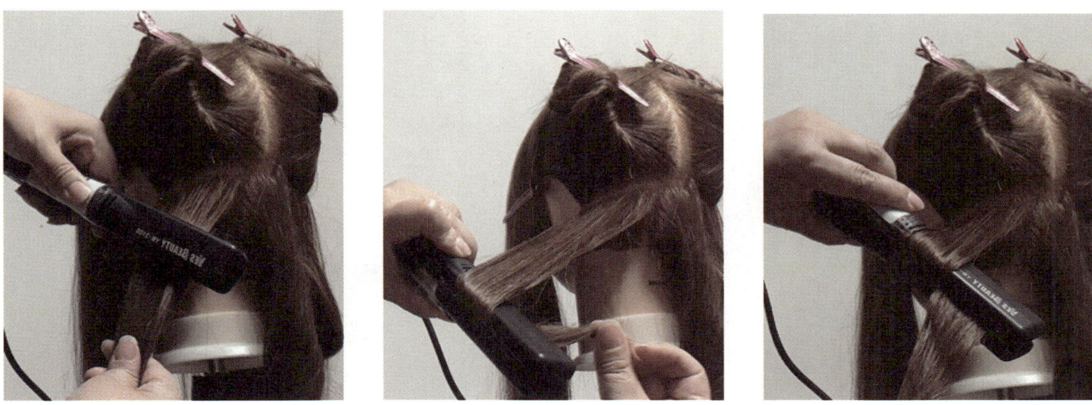

④ 백센터를 중심으로 포워드 방향이 되도록 시술한다.

⑤ 블로킹 나눈 후 핀셋 자국이 생길 경우 물분무를 하여 모발을 깨끗하게 펴준다.

⑥ 모발을 한 손으로 잡아 아이롱에 회전시켜 적당한 열을 주어 모발 끝 선으로 아이롱을 빼준다.

⑦ 모발을 깔끔하게 펴준 다음 아이롱에 회전시켜 열을 전달하여 S컬 웨이브를 완성시킨다.

⑧ 모발에 열이 잘 전달되어야 원하는 S컬 웨이브를 완성한다.

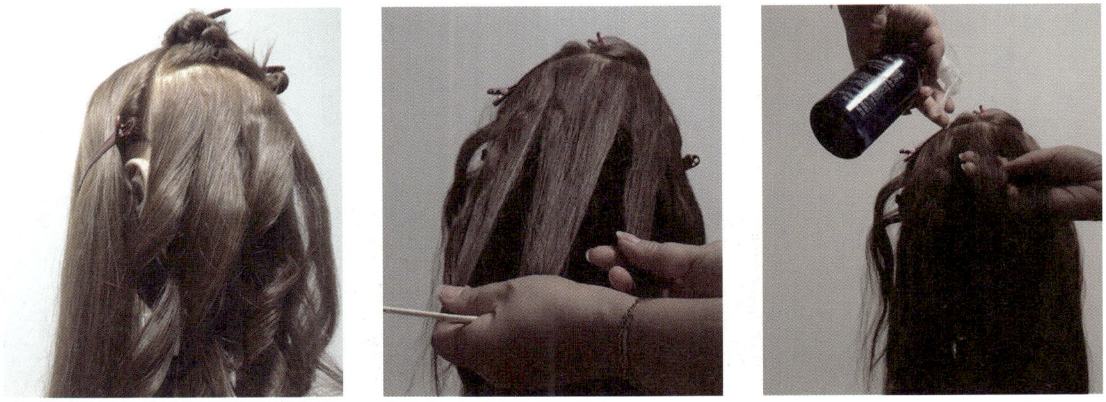

⑨ 정수리 부분에 3등분으로 나누어 모선이 보이지 않도록 주의한다. 자국 있는 모발에 약간의 물분무를 한다.

⑩ 빗질한 모발에 아이롱으로 각도를 들어 볼륨을 준다.

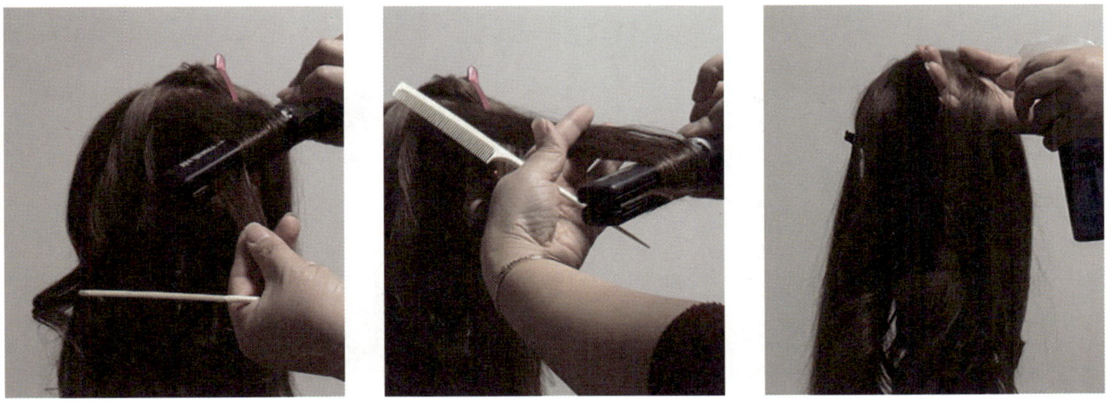

⑪ 아이롱에 감긴 모발에 열을 충분히 주어 S컬을 완성시킨다. 모발을 잡고 아이롱을 서서히 회전시켜 빼준다.

⑫ 모발을 스트레이트 한 후 모발을 잡아 아이롱에 회전시킨다.

⑬ 모발이 뜨거울 때 꼬리빗으로 모발에 걸쳐도 된다.

⑭ 아이롱에 모발 360°를 감아야 강한 S컬 웨이브가 완성된다.

⑮ 사이드에 두 폭을 나누어 뒤쪽 리버스 방향으로 와인딩한다.

⑯ 모발을 깨끗하게 2~3번 펴준 다음 S컬 와인딩하여야 디자인 형태가 완성된다.

⑰ 동일한 방법으로 시술한다.

⑱ 좌측방법도 우측 사이드와 동일한 방법으로 디자인을 완성한다.

⑲ 각도와 텐션을 유지하여 동일한 리버스 방향으로 와인딩한다.

⑳ 완성된 작품

2. 원형 아이롱 (자연스러운 웨이브 컬)

긴 모발에 자연스러운 웨이브를 연출하고자 할 때 원형 아이롱을 이용하여 3~4번의 섹션을 나누어 많은 모발의 양을 빠른 시간에 시술할 수 있는 장점을 가지고 있으며, 얼굴을 살짝 가려 가름해 보이는 착시현상으로 여성의 아름다움을 표현할 수 있다.

시술전(정면, 우측, 좌측, 뒷면)

① 5등분의 블로킹을 나눈 다음, 후두부 우측 하단 부분에 섹션을 나누어 빗질을 하여 거친 모발을 다듬질하여 준다. 원형 아이롱에 모발을 한 바퀴 감은 상태에 뜸을 준 다음, 아이롱 윗부분 모발 아래로 빼서 다시 한 바퀴 돌려 모발이 꼬아지기도 한다.

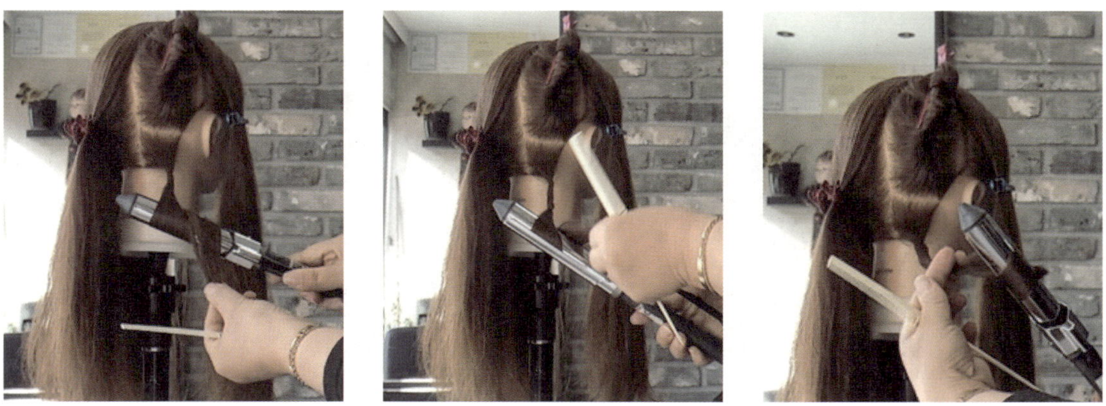

② 긴 모발은 아이롱 3회 차 반복하여 마지막 단계에 모발을 잡고 아이롱을 빼 준다.

③ 열이 남아있을 때 모발을 잡아 형태를 유지 시켜준다. 다음 단계 모발 판넬를 빗질하여 아이롱으로 모발을 다듬질하여 준다.

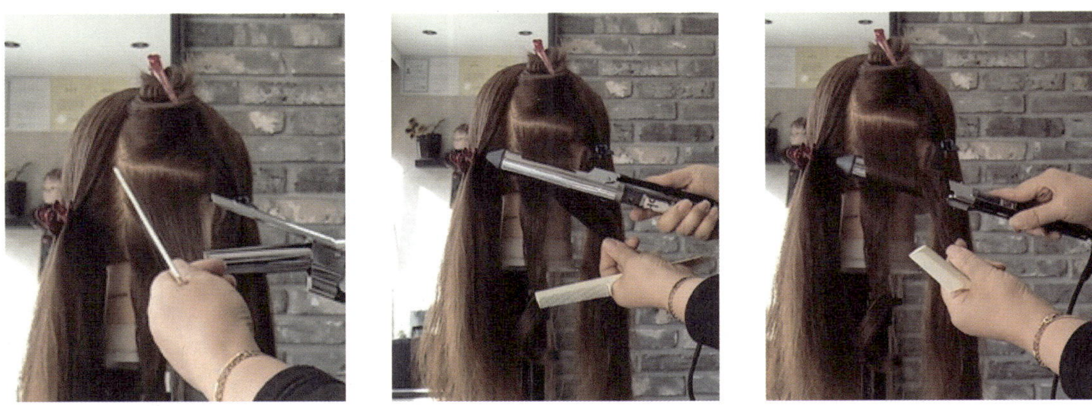

④ 프롱과 그루브 사이에 모발을 한 바퀴 감아 열을 준 후, 모근의 모발을 아래로 빼돌려서 다시 한번 아래로 감아주기를 3회 차 반복한다.

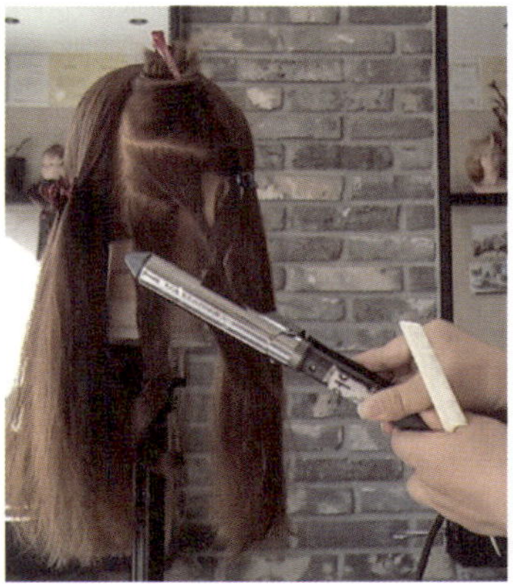

⑤ 아이롱과 모발이 뜨거울 수 있으므로 주의하여야 하며, 위에 모발을 빼돌려서 다시 되감기를 3회 차 반복하되 아이롱만 잡고 360도 회전하여도 기존 모발이 꼬아진다.

⑥ 윗부분의 모발을 빼준 후 다시 한번 아래로 한 바퀴 돌려 감기를 3회 차 반복하여준 후 모발을 잡고 서서히 빼 준다.

⑦ 탑에 모발 판넬을 펴준 후, 아이롱 프롱과 그루브 사이에 모발을 끼워 한 바퀴 돌려 감아준다.

⑧ 모근에 모발을 빼준 후 아이롱을 다시한번 360도 돌려 모발 끝부분이 아이롱 손잡이 부분 위치에 오도록 감아준다. 모발이 판넬이 아이롱 아랫부분으로 감겨야 하므로 손을 이용하여 모발을 잡아 돌려 감는다.

⑨ 감긴 모발 판넬에 열을 주면서 아래로 내려오면서 시술한다. 백센터 완성된 모습

⑩ 후두부 중앙 부분 첫 단 섹션을 나누어 빗질을 한 후, 아이롱에 모발을 끼워 한 바퀴 돌려 준다. 모발 끝선은 아이롱 손잡이 부분으로 나와야 한다.

⑪ 열을 주면서 서서히 모근에 있는 모발 빼주면서 아이롱을 한 바퀴 360도 회전하여 돌려준다.

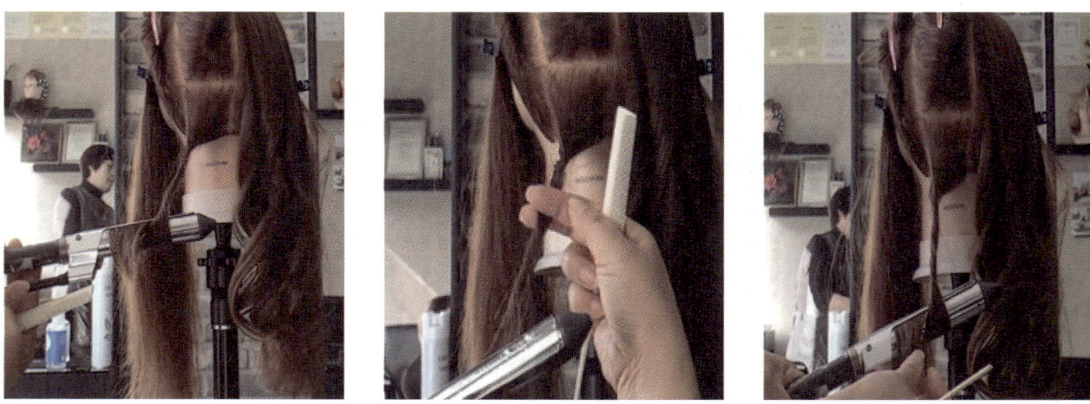

⑫ 밑으로 내려오면서 다시 모근에 있는 모발을 빼준 후 다시 아이롱을 한 바퀴 360도 회전하여 모발을 빼 준다.

⑬ 다음 단계 섹션을 나누어 빗질과 모발의 결을 펴 준다.

⑭ 모발을 프롱과 그루브 사이에 끼워 360도 회전하되 모발 끝 부분이 아이롱 손잡이 있는 방향으로 오도록 하게 하여 돌려준다.

⑮ 다시 모발을 빼준 후 2회 차 아이롱을 한 바퀴 돌려 모발이 꼬여지도록 한다.

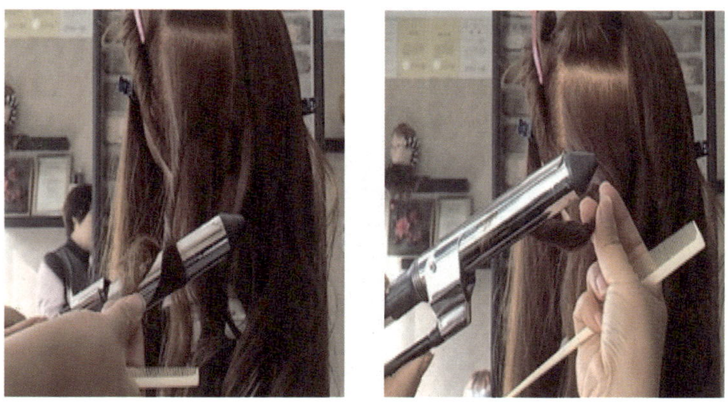

⑯ 3회차 아이롱을 360도 회전시켜 모발을 잡고 빼 준다.

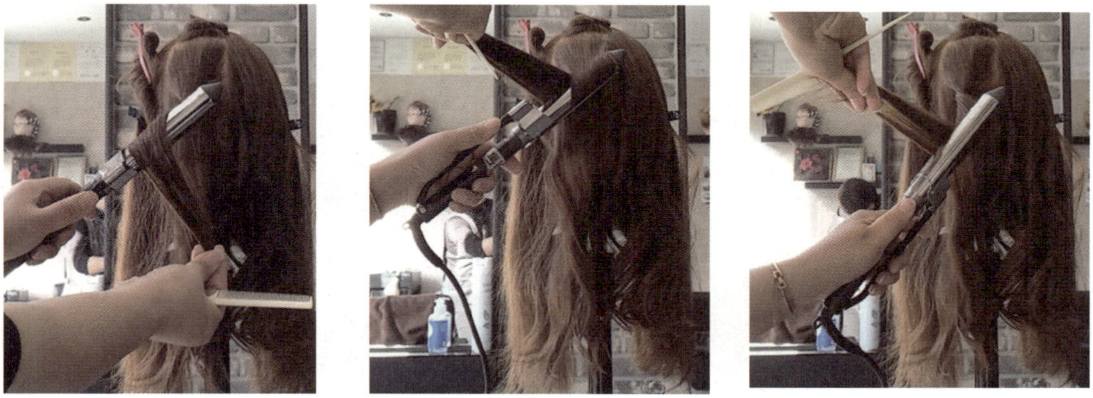

⑰ 아이롱에 모발을 감아 열을 준 후 다시 모근의 모발을 빼서 아랫부분으로 360도 돌려 감는다.

⑱ 모발 판넬을 펴준 다음 아이롱에 모발을 360도 회전하여 준다.

⑲ 판넬 위에 모발을 아이롱에서 모발 밑으로 빼준 후 360도 다시 회전하여 모발 끝선이 아이롱 아랫부분으로 향하도록 한다. 같은 방법으로 3회 차 반복한다.

⑳ 후두부 좌측 첫 번째 섹션을 나누어 다듬질해준다.

㉑ ⑲번과 동일한 방법으로 해준다.

㉒ 다음 단계 빗질을 하여준 다음 아이롱 사이에 모발을 눌러주어 결을 깨끗하게 펴 준다.

㉓ 아이롱에 모발을 감아 360도 회전하여 열을 준 후 모근과 모발을 빼주고 다시 모발을 감기를 3회차 한다.

㉔ ㉓번과 동일한 방법으로 시술한다.

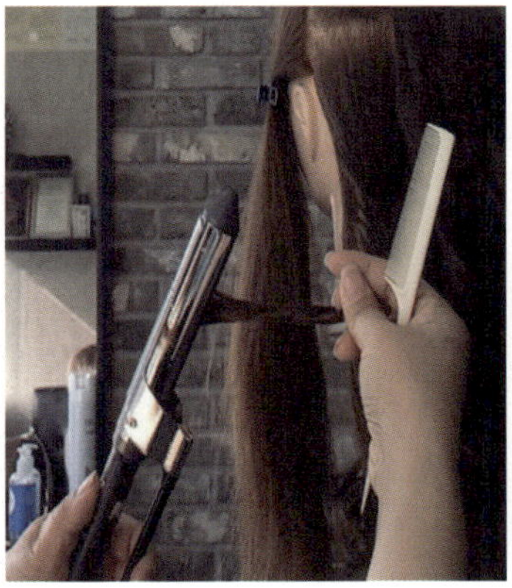 

㉕ 모발을 잡고 빼준다. 모발에 남아있는 열을 이용하여 형태를 유지시켜 준다.

㉖ ㉓번과 동일한 방법으로 시술한다.

㉗ ㉖번과 동일한 방법으로 시술한다.

㉘ 모발 웨이브가 자연스럽도록 손가락을 이용하여 결을 풀어준다.

㉙ 좌측 사이드 엉킨 모발을 빗질하여 아이롱으로 모발의 결을 곱게 펴준다.

㉚ 아이롱에 모발을 감아 열을 준 후 모근 모발을 빼준 후 나머지 모발 그대로 360도 돌려준다.

㉛ 모근 모발을 빼준 후 아이롱 손잡이를 잡고 360도 회전하여 준다. 같은 방법으로 3회차 해준다.

㉜ 사이드 완성된 작품

㉝ 다음 단계 섹션을 나누어 31번과 동일한 방법으로 시술한다.

㉞ 모근 모발을 빼주어 아이롱을 360도 회전하는 것을 3회차 반복한다.

㉟ 34번과 동일한 방법으로 시술한다.

㊱ 모발을 잡고 아이롱을 빼준다. 모발에 열이 남아 있을 때 마지막까지 형태를 고정한다.

㊲ 위에 모발은 아이롱 밑으로 돌려 빼 주고 아이롱을 360도 회전한다.

㊳ 37번과 동일한 방법으로 3회 차 반복한다. 아이롱을 빼준 후 모발을 잡아 컬의 형태를 유지시켜준다.

㊴ 우측 사이드 부분에도 좌측과 동일한 방법으로 시술한다.

㊵ 모발이 꼬아지도록 돌려 감아 빼 준다.

㊶ 모발 끝부분까지 열을 전달하여 깔끔한 웨이브가 형성되도록 한다.

㊷ 다음 섹션도 첫 번째 단처럼 마찬가지 방법으로 시술한다.

㊸ 모발을 360도 회전할 때 모발과 아이롱에 손에 열이 가하지 않도록 주의하여 시술한다.

㊹ 마지막 단계에서도 360도 회전하기를 3회차 반복한다.

㊺ 모발 끝 부분까지 깔끔하게 열을 주어 모발을 회전하여 빼 준다.

완성작(정면, 좌측, 우측, 뒷면)

HAIR
SHAMPOO
DRY & HAIR
SETTING
IRON

헤어세팅

Chapter

06

헤어미용은 미적 욕구 충족을 통해 정서적 만족감과 본인의 아름다움을 표현하고자 필요로 하는 이들에게 미용기기와 헤어제품을 사용하여 미용을 서비스하는 기술로서 제공하는 헤어커트, 염색 및 퍼머넌트 등으로 머리를 마무리 단계로 원하는 이미지 꾸밈새를 말한다.
모발 길이와 얼굴 형태에 따라 장점을 강조하고 단점을 보완하여 착시효과로 충족시키는 중요 요소라 할 수 있다.

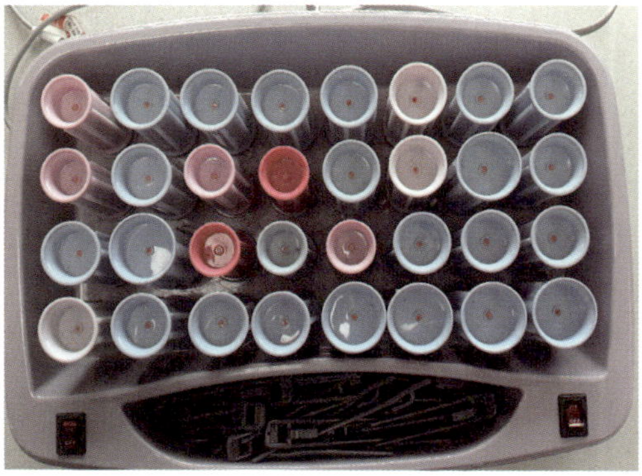

[그림 6-1] 전기롤세팅

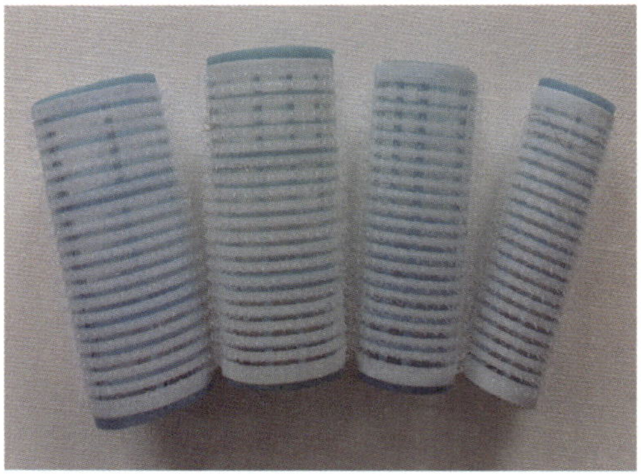

[그림 6-2] 헤어롤러

1) 전기헤어세팅

헤어 스타일링 시 뿌리 볼륨과 방향, 컬 웨이브에 따라 디자인 연출이 가능하며 마른 모발에 와인딩하는 작업으로 전기세팅은 열을 가해서 진행하여야 하며 핀의 자국이 생기지 않도록 모발 와인딩하고 난 후 아랫부분에 핀을 고정한다.

2) 헤어롤러(찍찍이 롤)

일명 "찍찍이롤"은 마른 모발에나 수분이 아주 약간 있는 모발에 와인딩하는 것으로 클립이 없어도 모발에 달라붙는 도구로 와인딩 후 드라이어의 따뜻한 열바람으로 모발에 전달하여 컬과 볼륨이 형성돼 오랜 시간 자연스러운 헤어스타일링 연출유지가 가능하다.
모발 자체에 약간의 웨이브가 있어도 언제 어디서든 편리하게 열을 가하지 않아도 사용 가능하며 젊은 층보다는 연세가 있으신 분들에게 많이 사용되고 있다.

3) 헤어스타일링 사용제품

헤어스타일 완성도를 높이기 위한 중요한 역할의 마무리하는 단계로 헤어스타일링 전후로 모발수분 공급과 원하는 스타일을 오래 유지하기 위한 제품으로 사용되기도 하지만 모발을 보호하는 목적도 있다. 지나친 과욕으로 헤어케어에 좋다는 여러 제품을 사용하여 바르는 동안 머리카락 표피 겹겹 사이에 이물질이 쌓여 두피모발에 손상을 입어 머리숱이 가늘고 줄어들 수 있다.
따라서 스타일 유지를 위해 고객에게 목적에 따른 사용한 제품에 대한 설명은 필수사항이다.

[그림 6-3] 헤어제품

① **스프레이**(Spray) : 고객의 얼굴에서 25~30cm 떨어진 거리에서 세팅한 모발 표면에 고루 분사해 고정시켜 유지

② **왁스**(Wax) : 세팅력이 강한 우수한 제품으로 건조된 짧은 커트 모발에 어떠한 방향으로도 볼륨 형성

③ **에센스**(Essence) : 드라이 전후로 사용하여 모발 표피를 보호하며 수분과 윤기를 부여한다. 고분자 실리콘 마이크로 약이 손상된 머리카락에 코팅 역할

④ **젤**(Gel) : 촉촉한 모발에 컬의 흐름을 강조할 수 있는 스타일링 완성시 사용하므로 컬의 우수성과 촉촉하면서 자연스러운 세팅 효과

⑤ **무스** (Mousse) : 제품을 흔들어 사용하며 세팅력이 강한 스타일 효과와 광택 컨디셔닝 효과 두 가지의 효과를 볼 수 있다. 적당량을 손바닥에 분사하여 사용

⑥ **투페이스**(Two phase) : 엉킨 모발에 분사하여 빗질이 용이하도록 모발을 풀어준다. 투명층 실크 프로테인 성분이 모피질층에 침투하여 큐티클층을 감싸 광택을 부여

4) 실기편 – 헤어세팅 와인딩

강한 볼륨을 표현하고자 하는 부분에는 후방각도 45°(135°) 세이프 하여 모발 끝에서부터 모근 가까운 곳까지 와인딩한다. 자연스러운 볼륨과 웨이브를 표현하고자 할 경우 베이스에서 90° 와인딩한다.

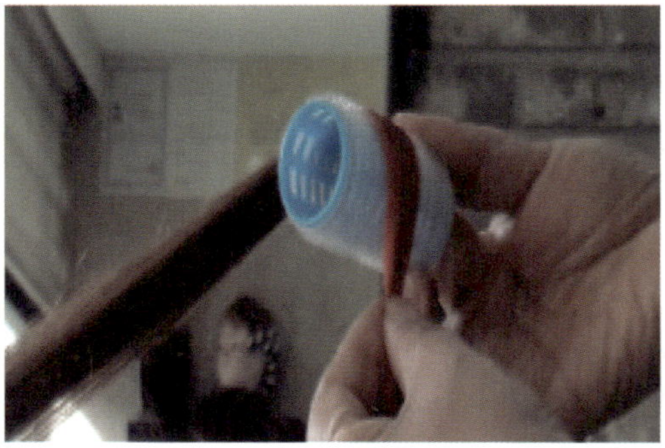

모발 끝부분부터 중앙으로 모아서 와인딩

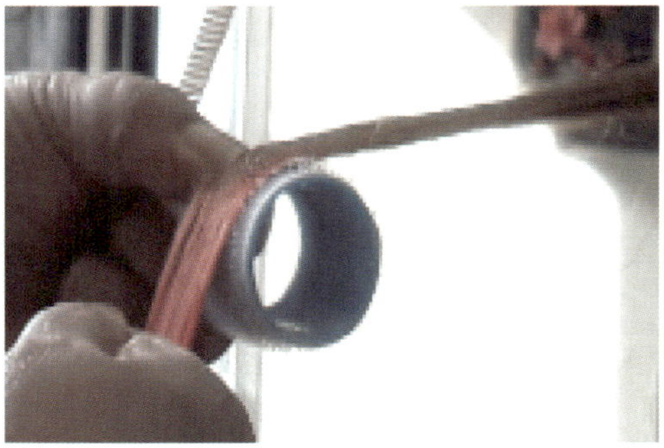

모발 판넬을 넓힌 상태로 펼쳐 와인딩

[그림 6-4] 와인딩 방법

(1) 전기세팅 와인딩

정면

측면

뒷면

전기세팅 와인딩 실습 순서

시술 전 단계 (블로킹 5등분)

① 5등분 블로킹을 나누어서 곱게 빗질하여 엉키는 부분이 없이 각도를 들어 와인딩 한다.

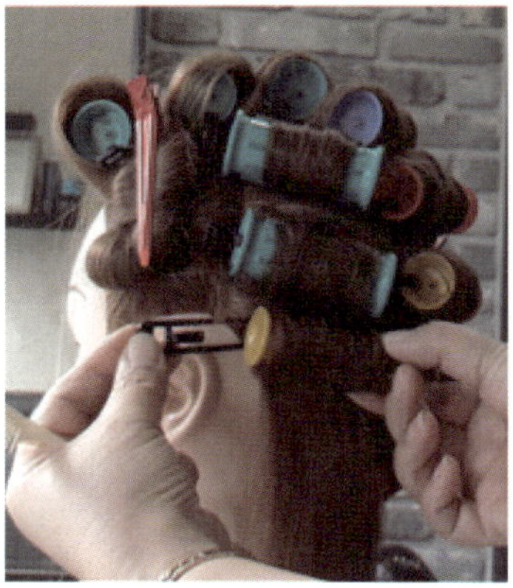

② 긴 모발의 경우 모발 끝 선을 잡아 와인딩하며 핀의 자국이 생기지 않도록 모발 안쪽으로 고정한다.

③ 두상의 각도에 따라 볼륨감 있게 와인딩 한다.

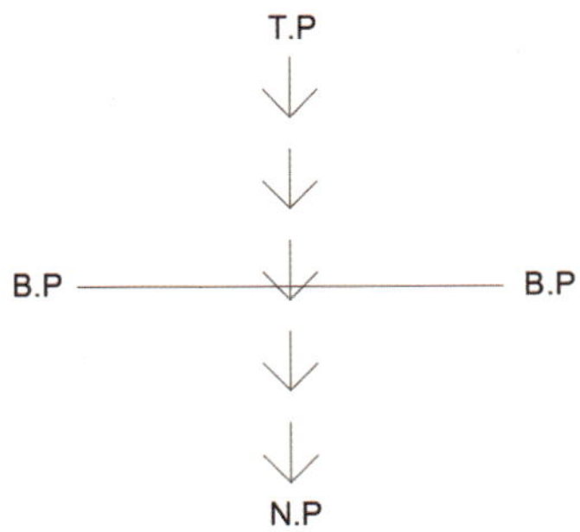

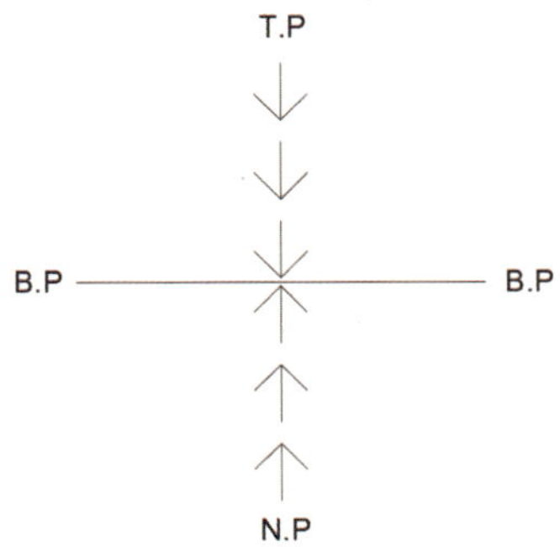

④ 후두부에 자연스러운 볼륨을 주고자 할 때 T.P에서 N.P까지 한 방향으로 와인딩 한다. 네이프에 볼륨을 주고자 할 때 N.P에서 바깥말음으로 B.P 까지 와인딩 한다.

완성작품

(2) 헤어롤러 와인딩

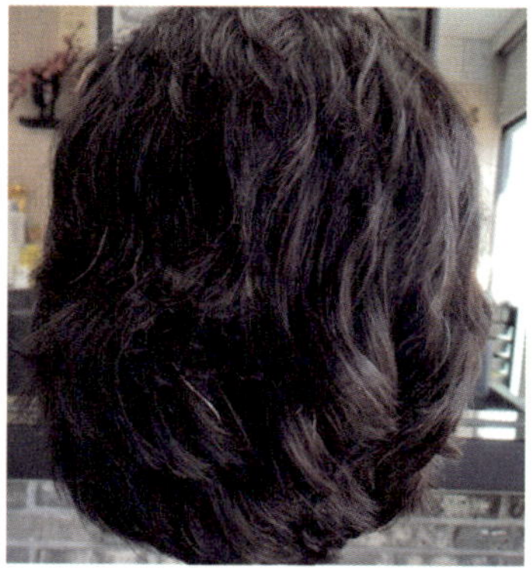

시술 전

시술 후(정면)

시술 후(뒷면)

헤어 찍찍이를 사용하여 와인딩한 기법

① 둥근 곡면의 방향에 따라 두상의 볼륨이 필요한 곳에 적정 각도를 들어 와인딩하는 게 포인트라 할 수 있으며 가르마가 보이지 않도록 벽돌 쌓기 기법으로 와인딩 한다.

② 찍찍이를 와인딩 한 후 시간이 지난 후 또는 드라이어 열을 준 다음 롤을 제거한다.

부록

용어의 이해

(ㄱ)

- 골든 포인트(Golden point) : 턱부터 귀 위를 지나는 연장선상과 정중선이 만나는 지점
- 꼬리 빗(Rattail comb) : 끝이 꼬리처럼 생겨서 꼬리 빗이라 하는데 주로 퍼머넌트 웨이브를 슬라이스를 나눌 때 결을 빗기 위해 사용
- 간접 와인딩 기법(Winding) : 두발에 물을 적셔 와인딩하고 난 후 환원제를 바르는 것
- 경모(Terminal Hair) : 두피와 얼굴, 손, 발에서 발견되는 거칠고 두껍고 착생된 모발을 말하는데 성인 모발이라고도 한다.
- 구레나룻(Sideburns) : 귀밑에서 턱에 걸쳐 난 수염
- 기모근(Attector Pilorum Muscle) : 피지선 아래쪽에 위치하고 있는 근육으로 수축 시 털이 수직으로 세우게 되고, 공포스러울 때 머리카락이 쭈뼛쭈뼛 서게 된다.

(ㄴ)

- 내추럴 웨이브(Natural wave) : 자연스럽고 부드러운 웨이브
- 내추럴 파트(Natural part) : 자연적으로 모발이 난 방향에서 자연적으로 만들어지는 가르마 선
- 네이프 라인(Nape line) : 목덜미 부분의 두발과 피부의 경계선으로 후두부에서 머리가 나기 시작한 곳의 선

- 내추럴 드라이(Natural Dry) : 자연스럽게 보이도록 건조시키는 것

- 내추럴 스트레이트(Natural Straight) : 머리카락이 자연스럽고 바르게 내려오는 스타일

- 내추럴 파트(Natural Part) : 자연적으로 모발이 난 방향에서 자연적으로 만들어지는 가르마 선을 말한다.

- 논스트리핑 샴푸제(Nonstripping Shampoos) : 영구적인 염색 또는 탈색한 두발에 색상이 제거되지 않으면서 깨끗하게 씻겨내는 샴푸

(ㄷ)

- 두피 손질(Scalp treatment) : 두피 건강을 향상시키기 위한 절차

- 디렉션(Direction) : 방향이나 흐름이라는 뜻으로 주로 빗질 방향

- 디자인(Design) : 하나의 예술적 단위를 만들어 내는 모양, 선, 장식 효과의 배열

- 다이렉트 퍼머넌트 웨이브(Direct permanent wave) : 다이렉트 퍼머넌트 로드를 사용하여 지그재그 웨이브를 표현하는 방법으로 볼륨감을 얻기 위해 사용하는 퍼머넌트 기술

- 다이애거널 백(Diagonal back) : 뒤쪽으로 향하는 대각선

- 다이애거널 셰이핑(Diagonal shaping) : 사선으로 올려주듯 하는 빗질 방법

- 다이애거널 포워드(Diagonal forward) : 얼굴을 향하는 대각선

- 덴시티(Density) : 밀도, 머리숱을 말하며 평당 머리카락의 양

- 디스트리뷰션(Distribution) : 분배, 빗질방향, 베이스, 슬라이스와 관련되어 머리를 빗는 방향, 분배에는 자연분배, 직각분배, 변이분배의 3가지

- 디자인 엘러먼트 (Design element) : 디자인요소, 예술형태의 주요구성 성분 헤어디자인 요소는 형태, 질감, 컬러

- 디자인(Design) : 하나의 예술적 단위를 만들어 내는 모양, 선, 장식효과의 배열

- 댄드러프 스캘프 트리트먼트(Dandruff Scalp Treatment) : 비듬 제거 또는 비듬두피일 때 행하는 관리 방법

- 두피마사지(Scalp Massage) : 두피의 혈액순환을 촉진시키기 위해 손가락 끝을 이용해 마사지하는 원형 동작

- 두피손질법(Scalp Treatment) : 두피모발의 건강을 향상시키기 위한 절차

- 드라이 샴푸(Dry Shampoo) : 두발을 적시지 않는 세발법으로 두피에 질환이 있거나 열이 있는 사람, 병상에 있는 환자 등이 머리를 감지 못할 경우에 이용

- 드라이 스캘프 트리트먼트(Dry Scalp Treatment) : 두피가 건조한 상태일 때 행하는 관리 방법

- 드라이 헤어(Dry Hair) : 건조성 모발

- 드레이핑(Draping) : 손님의 옷을 보호하기 위하여 옷 위에 천을 둘러주는 것

- 디오더런트 샴푸(DeoDorant Shampoo) : 살균작용이 있는 특수 샴푸로 표면의 세균을 줄이고, 땀이 세균 때문에 분해되어 발생하는 악취를 방지하는 것이 특징

(ㄹ)

- 라운드 파트(Round part) : 곡선으로 나누었다는 뜻으로 가르마 선이 곡선으로 된 것
- 로드(Rod) : 퍼머넌트 웨이브에 사용하기 위해 만들어진 기구
- 리무버(Remover) : 염색약이 피부에 침착되었을 때 지울 수 있는 용액
- 리버스 컬(Reverse curl) : 리버스는 반대의 역전이라는 뜻으로 포워드 컬과 반대 방향으로 마는 컬
- 라운드 파트(Round part) : 곡선으로 나누었다는 뜻으로 가르마 선이 곡선으로 된 것
- 래핑(Wrapping) : 컬의 형태를 만들기 위해서 롤이나 로드에 두발을 감는 것

(ㅁ)

- 머니퓰레이션(Manipulation) : 손으로 행하는 기획적 수당 행위, 조장, 과정 마사지
- 머리홀더(Hairless head holder) : 민두를 고정시킬 수 있도록 되어 있는 도구
- 머시룸 와인딩(Mushroom winding) : 퍼머형태가 버섯 모양이 될 수 있도록 로드 배열이 버섯 모양을 이룬 와인딩
- 모간(Hair shaft) : 모발이 두피 바깥으로 나와 있는 부분 전체
- 모구(Hair bulb) : 모유두의 윗부분으로 전구모양을 하고 있으며 내부에서 모발생성에 필요한 영양분을 혈관으로부터 공급
- 모근피(Root sheath) : 모근을 감싸고 있는 단단한 막

- 모낭(Follicle) : 털 주머리 라고 부르며 피부의 진피 안에서 모근을 감싸고 있는 주머니

- 모노에탄올아민(Monoethanolamine, $H_2NCH_2CH_2OH$) : 시스테인 펌 로션의 알칼리제로 쓰이며 냄새가 없고 두피에 자극은 없으나 비 휘발성 물질이기 때문에 모발에 많이 남아 손상이 될 수 있으며 모발에 침투가 늦다.

- 모발 밀도(Hair density) : 두피나 신체의 사방 1인치 안에 있는 머리카락의 수

- 모발 성질(Hair texture) : 모발의 일반적인 질로 거침, 보통, 부드러움으로 나뉘는 모발

- 모발의 질감(Hair texture) : 모발의 감촉, 촉감 등 모발의 상태를 나타내는 말로서 좀 더 쉽게는 머릿결을 나타낸다.

- 모유두(Hair papilla) : 모구아래 부위에 위치해 있으며 혈관과 자율신경이 존재하며 영양을 공급하여 모발의 성장을 담당

- 민머리(Hairless head) : 가발을 착용시킬 수 있는 머리 모양의 두상

(ㅂ)

- 바깥말음(Out curl) : 로드나 롤을 두발에 바깥쪽으로 감아 웨이브가 밖으로 향하도록 와인딩 하는 기법

- 버티컬 세이핑(Vertical shapping) : 수직빗질로 모류의 흐르는 방향과 같이 느낌이 강한 빗질

- 버티컬 슬라이스(Vertical slice) : 세로의 슬라이스

- 버티컬(Vertical) : 수직선, 세로선, 수평선의 직각

- 블로킹(Blocking) : 커트나 세팅 또는 와인딩하기 쉽게 두부를 크게 나누는 것

• 비이온 계면활성제(Nonionic Surfactant) : 물에 이온화되지 않고 용해되는 계면활성제로 비이온 표면활성제라고도 한다.

(ㅅ)

• 섹션(Section) : 부분, 구면, 칸막이 등의 의미로 블로킹으로 구분한 부분 또는 더 작게 나눈 부분

• 센터 네이프(Center nape) : 목덜미의 깃이 닿은 부분의 중앙

• 스트레이트 퍼머넌트 (Straight) : 웨이브나 컬이 있는 모발을 일직선으로 곧게 펴는 퍼머넌트

• 사이드 파트(Side Part) : 옆 가르마로서 4:6 또는 3:7 비율로 나눈 파트

• 산성(Acidity) : pH가 7 이하로 1~2면 강산성에 속하고 헤어와 두피는 pH가 5.5~6으로 약산성

• 산성린스(Acid Rince) : 퍼머 후 모발의 원래 pH인 약산성으로 맞추어주기 위해 산성의 즙이나 초산을 물과 혼합하여 과도하게 알칼리화 된 모발을 중화시켜 중성으로 만드는 데 사용

• 샴푸(Shampoo) : 비누 및 기타의 세제를 사용하여 두피 모발에 붙어있는 땀, 피지 먼지 등을 씻어내는 일, 즉 세발

• 센터(Center) : 중앙

• 센터라인(Center Line) : 근의 중심을 시작으로 두상을 좌우로 나누는 선

• 스윙 웨이브(Swing Wave) : 흔들리는 듯이 큰 움직임을 가진 웨이브

• 스캘프(Scalp) : 두개골을 감싸고 있는 피부로 두피

- 스트랜드(Strand) : 머리단, 한다발의 머리카락, 요소, 성분 또는 가닥으로 가는 모발 또는 한 단위를 형성하는 모발을 말한다.

- 스트레이트(Straight) : 골은 일직선의 똑바로 선 머리털 등이 곱슬곱슬하지 않음

(ㅇ)

- 워터래핑(Water wrapping) : 퍼머넌트 와인딩 시 모발을 물에 적셔 와인딩 한 다음 환원제를 도포하는 퍼머넌트 기법

- 이어 투 이어 라인(Ear to ear line) : 이어포인트에서 이어포인트로 연결한 선으로 측중선

- 이어 포인트(Ear point) : 귀의 가장 높은 중심선

- 아웃라인(Out Line) : 윤곽, 외곽선, 외형, 헤어스타일의 아웃라인은 스타일 연출상 가장 중요한 외형을 나타낸다.

- 약용 샴푸제(Medcated Shapoos) : 두피보호와 문제성 모발을 위한 성분이 함유된 샴푸제

- 에그 파우더드라이 샴푸(Egg Powder Dry Shampoo) : 계란의 가루를 이용하여 행하는 샴푸 방법

- 오버다이렉트 섹션(Overdirect Section) : 어느 한 쪽을 길게 하기 위해 당기는 섹션

- 음이온계면활성제(Anionic Surfastant) : 물속에서 이온화한 음이온 부분이 일반적으로 세정작용이 강하여 부분이 계면활성을 나타내는 계면활성제로 아니온 계면활성제라고도 한다.

- 이어 투 이어라인(Ear To Ear Line) : 이어 포인트(E.P)에서 이어 포인트(E.P)로 연결한 선으로 측중선

- 입모근(Arrector Piloum Muscle) : 평활근섬유로 구성되어 모낭에 부착되어있고 모낭의 대각에서 유두층까지 비스듬히 주행하는 근육

(ㅈ)

- 장모(Long hair) : 머리카락, 겨드랑이털, 음모, 수염 등

(ㅊ)

- 친수성 모발(Hydrophilic hair) : 퍼머약이나 염색약 등이 잘 침투되어 퍼머나 염색하기에 적당한 모발, 물을 분사하면 일부는 방울져 있거나 흘러내리고 일부는 흡수되는 모발을 뜻한다.

(ㅋ)

- 코밍(Combing) : 빗질

- 컨디셔닝 샴푸제(Condtioning Shampoos) : 모발의 다공성과 장력강도를 향상시키는 광물 또는 식물성, 동물성 첨가제가 조금 들어가 있는 샴푸제

- 컬러샴푸(Color Shampoo) : 일시적인 염색제로 머리카락을 세척하며 동시에 머리카락에 색상을 입힌다.

- 카운터 클록와이즈(counter clockwise) : 컬이 시계바늘이 진행하는 반대방향으로 말려 있는 핀컬로 그 방향을 지칭

- 카운터 클록와이즈 와인드(counter clockwise wind) : 시계바늘 도는 방향의 반대방향으로 형을 만들고 컬을 하였을 때의 머리칼의 흐름 방향

- 카울릭 파트(cowlick part) : 가르마 타는 방법의 하나로 이마위에 흐트러진 머리카락이 일어서는 모발

(ㅌ)

- **타월드라이**(Towel Dry) : 타월을 이용해 수분을 제어하는 것
- **텐션**(Tention) : 잡아당기는 힘에 의해 생기는 장력, 늘어나는 힘이나 늘어나고 있는 상태, 빗질이나 와인딩 할 때 모발을 당기는 힘

(ㅍ)

- **파우더 드라이 샴푸**(Powder Dry Shampoos) : 드라이 샴푸의 일종으로서 탄산마그네슘, 붕산 등의 파우더를 사용하여 행하는 샴푸
- **페이스라인**(Face Line) : 얼굴선에 걸리는 모발의 선
- **포워드**(Forward) : 전방을 향해 '얼굴을 향하여'라는 뜻
- **프리린스**(Pre-Rinse) : 퍼머나 염색 시 모발에 잔류되는 먼지나 젤 그리고 스프레이의 잔유물을 물로 행구어 내는 것
- **플레인 린스**(Plain Rinse) : 물로만 헹구어 내는 것
- **피지선**(Sebaceous Gland) : 포유류에서 피부의 부속선의 하나로 지선이라고도 한다.

(ㅎ)

- **하프 컬**(Half Curl) : S자 풀 웨이브 C의 반 정도 되는 컬 1회전 정도의 컬
- **헤어라인**(Hair Line) : 머리가 나는 부분으로 프론트라인, 사이드라인, 오프라인 등의 명칭

- 헤어세팅(Hair Setting) : 머리를 헤어롤이나 세팅기를 이용하여 웨이브나 독특한 머리스타일을 만드는 것

- 헤어 셰이핑(Hair Shaping) : 오리지널 세팅을 위한 준비작업의 빗질로 업셰이핑과 다운셰이핑으로 나누며 그 외에도 여러 형태의 빗줄과 웨트헤어 스타일링에서의 중요한 기초 빗질 과정

- 호리존탈 웨이브(Horizontal Wave) : 지평선, 수평면의 의미로 웨이브의 리지가 수평으로 되어 있으며, 무게감이 크며 보다 단조로운 호리존탈 커팅라인을 만드는 원형적인 수직 커팅 라인

참고 문헌

- 모발관리 & 가발. 장미희, 장태수. 2003.예림
- 두피모발관리학. 안규성 외 5. 2019. 정문각
- 아이론 & 업스타일 헤어북.강성자 외 3. 훈민사. 2018
- 블로 드라이 & 헤어세팅 & 아이론. 조미영 외 7. 훈민사. 2006
- 모발미용학 개론. 류은주, 김종배. 이화. 2004
- 모발 & 두피관리학. 전세열 외 6. 광문각. 2006
- lron & Blow dry styling 강영숙 외 10. 훈민사.
- 두피. 모발관리 & 마사지. 이원경. 토비스출판. 2005.
- 두피에서부터 시작하는 모발관리학. 조미영, 김보경. 훈미사. 2006
- 블로 드라이 and 플랫아이론. 오경숭, 곽형진. 내하출판사. 2006
- 모발과 두피관리. 윤천성 외 6. 훈민사. 2004
- 탈모가 걱정되면 샴푸법부터 바꿔라. 최은하. 로고폴리스.2017
- 모발과학. 강주아 외 4. 구민사. 2016
- 물로만 머리감기 놀라운기적. 우츠기 류이치. 끌레마. 2015

논문

- 정새미. 샴푸교수.학습방법에 따른 평가도구개발 방안. 한서대학교 교육대학원.2020
- 이미지. 여대생의 샴푸사용에 따른 요인분석. 고신대학교 보건대학원 미용보건전공. 2009
- 헤어드라이기 연구고찰 및 방향. 2020.

참고 사이트

- 국가 직무능력평가. 헤어샴푸. 1201010156-19v5
- 인터넷 naver 국어사전
- 인터넷 www.ccmc.or.kr cinf-read.ph93